SÉMINAIRE DE MATHÉMATIQUES SUPÉRIEURES – ÉTÉ 1969

ANALYSE GLOBALE

textes de : Paulette LIBERMANN, K.D. ELWORTHY, Nicole MOULIS,
Kalyan K. MUKHERJEA, N. PRAKASH, Gheorghe LUSZTIC et Weishu SHIH

LES PRESSES DE L'UNIVERSITÉ DE MONTRÉAL

ANALYSE GLOBALE

Textes des conférences données à la huitième session du Séminaire de mathématiques supérieures de l'Université de Montréal, tenue l'été 1969. Le Séminaire est placé sous les auspices de la Société Mathématique du Canada.

UNIVERSITÉ DE MONTRÉAL — DÉPARTEMENT DE MATHÉMATIQUES

ANALYSE GLOBALE

textes de : Paulette LIBERMANN, K.D. ELWORTHY, Nicole MOULIS,
Kalyan K. MUKHERJEA, N. PRAKASH, Gheorghe LUSZTIG et Weishu SHIH

1971

LES PRESSES DE L'UNIVERSITÉ DE MONTRÉAL

C.P. 6128, MONTRÉAL 101, CANADA

ISBN 0 8405 0173 0
DÉPÔT LÉGAL, 3e TRIMESTRE 1971 — BIBLIOTHÈQUE NATIONALE DU QUÉBEC

Ce volume comprend :

SUR LES PROLONGEMENTS DES FIBRÉS PRINCIPAUX ET DES GROUPOÏDES DIFFÉRENTIABLES BANACHIQUES

par Paulette LIBERMANN

TABLE DES MATIERES

INTRODUCTION

Cet article comprend un exposé détaillé de la théorie des jets holonomes et semi-holonomes dans le cadre des variétés banachiques.

Soit $\pi: E \to V$ une surmersion (c'est-à-dire une submersion surjective); les jets semi-holonomes s'introduisent naturellement quand on prolonge un relèvement local s de E dans J_1E, espace des 1-jets des sections locales de la surmersion (s est un champ local d'éléments de contact sur E, transversal aux fibres de la surmersion): l'application composée $J^1s.s$ est à valeurs dans un sous-espace $\overline{J}_2E$ de J_1J_1E; en vertu du théorème de FROBENIUS, ce relèvement est complètement intégrable si et seulement si $j^1s.s$ est à valeurs dans le prolongement holonome J_2E, l'obstruction à l'intégrabilité étant la courbure. On définit par récurrence les prolongements semi-holonomes d'ordre supérieur, d'où la notion de courbure pour tout relèvement $J_{q-1}E \to J_qE$.

Si l'on a des partitions différentiables de l'unité, ces relèvements locaux se prolongent en relèvements globaux ou connexions généralisées (une connexion étant assujettie à des conditions supplémentaires).

Nous étudions plus particulièrement les surmersions qui sont des fibrations principales et des groupoïdes différentiables (pour un tel groupoïde Φ , les applications α et β qui à tout élément $\theta \in \Phi$ associe son unité à droite et son unité à gauche sont des surmersions de Φ sur la sous-variété V des unités); les prolongements holonomes et semi-holonomes Φ^q et $\overline{\Phi}^q$ d'un groupoïde Φ (qui s'obtiennent en considérant des sections locales s de Φ qui sont des relèvements de la surmersion α et telles que βs est un difféomorphisme local de la base) sont encore des groupoïdes différentiables. Nous étudions plus particulièrement les groupoïdes transitifs ($\alpha \times \beta$ est une surmersion sur $V \times V$), auxquels sont associés des fibrations principales et les groupoïdes sommes de groupe pour lesquels $\alpha = \beta$ (notamment les fibrés vectoriels). Toutes ces notions (jets, relations entre fibrés principaux et groupoïdes différentiables, prolongements des groupoïdes différentiables, connexions d'ordre supérieur dans un fibré principal, ainsi que les déplacements infinitésimaux d'un groupoïde qui sont l'extension aux groupoïdes de la notion d'algèbre de Lie d'un groupe) sont dues à C. EHRESMANN [4] (nous donnons une liste de certains de ses articles où sont exposées ces notions).

Contrairement à ce qui se passe pour les groupoïdes différentiables, les prolongements des fibrés principaux obtenus en prenant des jets de sections ne sont plus des fibrés principaux; c'est pourquoi nous avons introduit des foncteurs $\mathcal{E}^q_{\mathcal{B}}$ et $\overline{\mathcal{E}}^q_{\mathcal{B}}$ transformant un fibré principal P de base B en un fibré principal de même base et permettant d'exprimer les connexions au sens de C. EHRESMANN comme des morphismes de fibrés principaux (ces connexions sont équivalentes à des relèvements $P \to J_q P$ ou $P \to \overline{J}_q P$ d'un type particulier).

Nous étendons aux fibrés principaux banachiques et aux groupoïdes différentiables les résultats obtenus dans un article antérieur où nous avons étudié la q-intégrabilité des sous-fibrés principaux de dimension finie [12d]. Nous montrons, en utilisant des résultats de D. BERNARD [1], que si une G-structure est q-intégrable c'est-à-dire si l'application $\overline{H}_G^{q+1} \cap H^{q+1} \to H_G$ est surjective (où H_G est le sous-fibré principal de l'espace H des repères définissant la G-structure, H^{q+1} est l'espace des (q+1)-repères holonomes et $\overline{H}_G^{q+1}$ le prolongement semi-holonome de H_G), alors $\overline{H}_G^{q+1} \cap H^{q+1}$ est un sous-fibré principal de $\overline{H}_G^{q+1}$ et H^{q+1}, si le groupe G est <u>prolongeable</u> (c'est-à-dire si les algèbres de Lie des prolongements holonomes de G sont des sous-espaces vectoriels directs des algèbres de Lie des prolongements semi-holonomes); cette condition est vérifiée pour les variétés de dimension finie et les variétés hilbertiennes séparables.

Nous introduisons un tenseur de structure d'ordre q pour les G-structures et les groupoïdes différentiables associés, ainsi qu'un tenseur de structure relatif à valeurs dans $H^{q,2}(G)$ (groupe de cohomologie de SPENCER d'ordre 2); mais contrairement à ce qui se passe en dimension finie, après un nombre fini de prolongements, cette cohomologie n'est pas nécessairement triviale; de plus, en dimension finie, l'involution assure la régularité d'un système différentiel: par exemple les prolongements holonomes d'un fibré vectoriel sont des fibrés vectoriels; pour les variétés Banachiques, comme nous venons de le voir, la "nullité" du tenseur de structure entraîne la régularité des prolongements dans le cas des sous-fibrés principaux et des sous-groupoïdes différentiables transitifs moyennant des conditions sur le groupe structural G ou le groupe d'isotropie du groupoïde; c'est pourquoi il serait intéressant d'étudier à quelles conditions un sous-groupe de Lie G du groupe Isom B d'un espace de Banach est prolongeable.

Les méthodes utilisées dans cet article sont élémentaires (nous ne faisons pas appel à la théorie des faisceaux); nous utilisons essentiellement les propriétés des surmersions et le théorème de FROBENIUS qui sont en définitive des conséquences du théorème des fonctions implicites. Donc si l'on voulait étendre les résultats de cet article à des variétés modelées sur des espaces vectoriels topologiques plus généraux que les espaces de Banach, il faudrait que ceux-ci vérifient un théorème "des fonctions implicites".

1. PRÉLIMINAIRES

On désignera par espace de Banach un espace vectoriel topologique normable (c'est-à-dire dont la topologie peut être définie par une seule norme) et complet. Les espaces de Banach sont supposés réels.

Si $\mathbb{B}$ et $\mathbb{E}$ sont des espaces de Banach, on désignera par $L(\mathbb{B},\mathbb{E})$ (resp. $\mathbb{L}^k(\mathbb{B};\mathbb{E})$) l'espace des applications linéaires (resp. k-linéaires) continues de $\mathbb{B}$ (resp. $\mathbb{B}^k$) dans $\mathbb{E}$; ces espaces seront munis de leur structure d'espace de Banach usuelle. Rappelons qu'on peut identifier canoniquement $\mathbb{L}(\mathbb{B}, \mathbb{L}^k(\mathbb{B};\mathbb{E}))$ à $\mathbb{L}^{k+1}(\mathbb{B};\mathbb{E})$.

Nous désignerons par $\mathbb{L}^k_s(\mathbb{B};\mathbb{E})$ (resp. $\mathrm{Alt}^k(\mathbb{B};\mathbb{E})$) l'espace des applications k-linéaires symétriques (resp. alternées) de $\mathbb{B}$ dans $\mathbb{E}$. Soit $\mathcal{P}_k$ le groupe des permutations de l'ensemble $(1,\dots,k)$; soit $S : \mathbb{L}^k(\mathbb{B};\mathbb{E}) \to \mathbb{L}^k_s(\mathbb{B};\mathbb{E})$ définie par :

$$Sf(x_1,\dots,x_k) = \frac{1}{k!} \sum_{\sigma \in \mathcal{P}_k} f(x_{\sigma(1)},\dots, x_{\sigma(k)}) \quad .$$

L'application S est un projecteur continu ($S^2 = \mathrm{Id}$) dont le noyau sera désigné par $\mathbb{L}^k_a(\mathbb{B};\mathbb{E})$. On a :

$$\mathbb{L}^k_a(\mathbb{B};\mathbb{E}) \supset \mathrm{Alt}^k(\mathbb{B};\mathbb{E}); \text{ pour } k = 2 \text{ , on a } \mathbb{L}^2_a(\mathbb{B};\mathbb{E}) = \mathrm{Alt}^2(\mathbb{B};\mathbb{E}) \; .$$

Le sous-espace $\mathbb{L}^k_s(\mathbb{B};\mathbb{E})$ est le noyau du projecteur $A = \mathrm{Id}-S$; on a ainsi la décomposition de $\mathbb{L}^k(\mathbb{B};\mathbb{E})$ en la somme directe

$$\mathbb{L}^k(\mathbb{B};\mathbb{E}) = \mathbb{L}_s^k(\mathbb{B};\mathbb{E}) \oplus \mathbb{L}_a^k(\mathbb{B};\mathbb{E}) \quad .$$

L'application A envoie $\mathbb{L}(\mathbb{B};\mathbb{L}_s^k(\mathbb{B};\mathbb{E}))$ dans $\mathbb{L}_a^2(\mathbb{B};\mathbb{L}_s^{k-1}(\mathbb{B};\mathbb{E}))$; en effet $f \in \mathbb{L}(\mathbb{B};\mathbb{L}_s^k(\mathbb{B};\mathbb{E}))$ s'identifie à $\phi \in \mathbb{L}_s^{k+1}(\mathbb{B};\mathbb{E})$ tel que

$$\phi(x_1,\ldots,x_{k+1}) = f(x_1)(x_2,\ldots,x_{k+1})$$

et

$$A\phi(x_1,\ldots,x_{k+1}) = \psi(x_1,x_2) + \ldots + \psi(x_1,x_{k+1})$$

où $\psi \in \mathbb{L}_a^2(\mathbb{B};\mathbb{L}_s^{k-1}(\mathbb{B};\mathbb{E})$ est défini par

$$\psi(x_1,x_2)\ (x_3,\ldots,x_{k+1}) = f(x_1)(x_2,\ldots,x_{k+1})$$
$$- f(x_2)(x_3,\ldots,x_{k+1}) \quad .$$

Considérons d'autre part l'application δ (opérateur de Spencer) : $\mathrm{Alt}^j(\mathbb{B};L_s^k(\mathbb{B};\mathbb{E})) \to \mathrm{Alt}^{j+1}(\mathbb{B};\mathbb{L}_s^{k-1}(\mathbb{B};\mathbb{E}))$, composée de l'injection $\mathrm{Alt}^j(\mathbb{B};\mathbb{L}_s^k(\mathbb{B};\mathbb{E})) \to \mathbb{L}^{j+1}(\mathbb{B};\mathbb{L}_s^{k-1}(\mathbb{B};\mathbb{E}))$ et de la projection continue $\mathbb{L}^{j+1}(\mathbb{B};\mathbb{L}_s^{k-1}(\mathbb{B};\mathbb{E})) \to \mathrm{Alt}^{j+1}(\mathbb{B};\mathbb{L}_s^{k-1}(\mathbb{B};\mathbb{E}))$ qui à toute application (j+1)-linéaire associe son antisymétrisée. On a $\delta^2 = 0$ (d'où la cohomologie de Spencer). Les restrictions à $\mathbb{L}(\mathbb{B};\mathbb{L}_s^k(\mathbb{B};\mathbb{E}))$ des applications A et δ coïncident.

Soit $\underline{g}$ un sous-espace vectoriel fermé direct (c'est-à-dire admettant un supplémentaire topologique) de $\mathbb{L}(\mathbb{B};\mathbb{E})$. Alors $\mathbb{L}(\mathbb{B},\underline{g})$ est un sous-espace fermé direct de $\mathbb{L}(\mathbb{B},\mathbb{L}(\mathbb{B};\mathbb{E})) \simeq \mathbb{L}^2(\mathbb{B};\mathbb{E})$;

l'espace $\underline{g}^{(2)} = \mathbb{L}(\mathbb{B},g) \cap \mathbb{L}_s^2(\mathbb{B};\mathbb{E}) = \ker A|\mathbb{L}(\mathbb{B},\underline{g})$ est un sous-espace vectoriel fermé de $L(\mathbb{B},\underline{g})$ et de $\mathbb{L}_s^2(\mathbb{B};\mathbb{E})$ mais $\underline{g}^{(2)}$ n'est pas nécessairement un sous-espace direct de $\mathbb{L}(\mathbb{B},\underline{g})$ et $\mathbb{L}_s^2(\mathbb{B};\mathbb{E})$; on définit $\underline{g}^{(q)} = \mathbb{L}_s^{q-1}(\mathbb{B};\underline{g}) \cap \mathbb{L}_s^q(\mathbb{B};\mathbb{E}) = \ker A|\mathbb{L}(\mathbb{B},\underline{g}^{(q-1)})$. Nous dirons que $\underline{g}$ est <u>prolongeable</u> si $\underline{g}^{(q)}$ est un sous-espace direct de $\mathbb{L}_s^{q-1}(\mathbb{B};\underline{g})$ et $\mathbb{L}_s^q(\mathbb{B};\mathbb{E})$ pour tout q. Nous dirons que $\underline{g}$ est de type fini s'il existe q tel que pour $q' \geq q$, $\underline{g}^{(q')} = 0$.

L'opérateur δ permet de définir la cohomologie de Spencer de $\underline{g}$, mais contrairemant à ce qui se passe en dimension finie, il n'est pas sûr que la cohomologie devienne triviale après un nombre fini de prolongements.

Pour toute application différentiable $f: U \subset \mathbb{B} \to \mathbb{E}$, sa différentielle $U \to \mathbb{L}(\mathbb{B},\mathbb{E})$ sera notée Df; la valeur de Df en $x_o \in U$ sera notée $Df(x_o)$ ou $D_{x_o}f$.

Rappelons le <u>théorème de Frobenius</u>: soient U_1 et U_2 des ouverts de $\mathbb{B}$ et $\mathbb{E}$, f une application de classe $C^p (p \geq 1)$ de $U_1 \times U_2$ dans $\mathbb{L}(\mathbb{B},\mathbb{E})$; si pour tout $(x_1, x_2) \in U_1 \times U_2$, l'application bilinéaire $D_1f(x_1, x_2) + D_2f(x_1, x_2)\cdot f(x, y)$ (où D_1f et D_2f sont les différentielles partielles de f) appartient à $\mathbb{L}_s^2(\mathbb{B};\mathbb{E})$, alors l'équation

$$Dx_2 = f(x_1, x_2)$$

est <u>complètement intégrable</u> dans $U_1 \times U_2$, c'est-à-dire pour tout

$(x_1^o, x_2^o) \in U_1 \times U_2$, il existe un voisinage ouvert ν de x_1^o dans U_1 et une seule application g de ν dans U_2 telle que:

$$Dg(x_1) = f(x_1, g(x_1)) \quad \forall x_1 \in \nu$$
$$g(x_1^o) = x_2^o$$

Ce théorème s'étend à l'ordre supérieur (pour la démonstration, voir J.P. PENOT [13]); soit
$F: U_1 \times U_2 \times \mathbb{L}(\mathbb{B},\mathbb{E}) \times \dots \times \mathbb{L}_s^{k-1}(\mathbb{B};\mathbb{E}) \to \mathbb{L}_s^k(\mathbb{B};\mathbb{E})$, de classe C^p; si pour tout $z = (x_1, x_2, y_1, \dots, y_{k-1})$ de la source de F, l'application $D_1F(z) + D_2F\cdot y_1 + \dots + D_kF\cdot y_{k-1} + D_{k+1}F\cdot g(z)$ (qui appartient à $\mathbb{L}^{k+1}(\mathbb{B};\mathbb{E})$) est symétrique, alors pour tout $z^o = (x_1^o, x_2^o, \dots, y_{k-1}^o)$ dans la source de F, il existe un voisinage ouvert $\mathcal{U}$ de x_1^o et une seule application G de $\mathcal{U}$ dans U_2 telle que:

$$D^kG(x_1) = F(x_1,G(x_1), DG(x_1),\dots,D^{k-1}G(x_1))$$
$$G(x_1^o) = x_2^o, DG(x_1^o) = y_1^o, \dots, D^{k-1}G(x_1^o) = y_{k-1}^o$$

où D^jG est la différentielle d'ordre j de G.

Nous supposerons désormais, pour simplifier l'exposé, que différentiable signifie de classe C^∞, bien que la plupart des résultats soient encore valables sous des hypothèses moins restrictives.

Toute variété différentiable V sera supposée modelée sur un espace de Banach $\mathbb{B}$ c'est-à-dire on considère sur l'ensemble V la structure différentiable définie par un atlas de $\mathbb{B}$ dans V compatible avec le pseudo-groupe des difféomorphismes locaux de classe C^∞ de $\mathbb{B}$; les sources des cartes locales seront des ouverts de $\mathbb{B}$, leurs buts appartiendront à V. Si f est une application d'un ouvert U de V dans une variété V' (modelée sur $\mathbb{B}'$) et si ϕ et ψ sont des cartes locales de $\mathbb{B}$ dans V et de $\mathbb{B}'$ dans V' dont les buts ont des intersections non vides respectivement avec U et f(U), nous dirons que f est représentée par l'application $f_{\phi\psi} = \psi^{-1} f \phi$.

Nous entendrons par sous-variété W de V un sous-ensemble W de V tel que pour tout $x \in W$, il existe une carte locale ϕ de $\mathbb{B}$ dans V (dont le but contient x), et un sous-espace vectoriel $\mathbb{B}'$ fermé direct de $\mathbb{B}$ tels que: $\phi^{-1}(U \cap V) = \phi^{-1}(U) \cap \mathbb{B}'$; le sous-ensemble W est ainsi muni d'une structure de variété différentiable telle que l'injection canonique $\iota : V \to W$ soit différentiable.

Nous utiliserons provisoirement la définition de vecteur tangent à une variété V donnée dans [3] et [9] (c'est-à-dire un vecteur tangent en x à V est une classe d'équivalence de couples (ϕ,h), où ϕ est une carte locale dont le but contient x et $h \in \mathbb{B}$; $(\phi,h) \sim (\phi',h')$ si et seulement si $h' = D_{\phi^{-1}(x)} (\phi'^{-1} \circ \phi)(h)$.

Le prolongement d'une application $f: V \to W$ aux espaces tangents TV et TW sera désigné par Tf.

Pour les immersions et submersions nous utilisons les définitions de [3] et [9]; $f: V \to W$ est une immersion si pour tout $x \in V$, l'application linéaire $T_x f: T_x V \to T_{f(x)}W$ est injective et son image est un sous-espace vectoriel fermé direct de $T_{f(x)}W$; l'application f est une submersion si pour tout $x \in V$, $T_x f$ est surjective et son noyau est un sous-espace direct de $T_x V$; cette définition des submersions est équivalente à l'une des deux propriétés:

1) pour tout $x \in V$, il existe des cartes locales ϕ et ψ dont les buts contiennent x et $f(x)$ telles que f est représenté par une application $f_{\phi\psi}$ linéaire, surjective, continue, de $\mathbb{B}$ dans $\mathbb{E}$ (espace sur lequel est modelée W), dont le noyau est un facteur direct de $\mathbb{B}$.

2) pour tout $f(x)$, il existe une section locale c'est-à-dire une application différentiable s dont la source est un voisinage ouvert U de $f(x)$, à valeurs dans V, telle que $sf(x) = x$, $fs(y) = y \quad \forall y \in U$.

Nous désignerons par <u>surmersion</u> (suivant l'expression de R. THOM) une submersion surjective; une surmersion $\pi: E \to V$ sera représentée par le triplet (E,V,π); les surmersions forment une catégorie dont les morphismes $(E,V,\pi) \to (E', V',\pi')$ sont des couples d'applications différentiables $(\tilde{f},f)$, $\tilde{f}: E \to E'$, $f: V \to V'$ telles que $\pi\tilde{f} = f\pi$. Dans la catégorie des surmersions, on a la catégorie des fibrations différentiables, notamment des fibrations vectorielles et des fibrations principales.

Conformément à [9], si l'on a deux surmersions (E,V,π) et (E',V',π'), la sous-variété de $E \times E'$ formée des couples (z,z') tels que $\pi(z) = \pi(z')$ sera désignée, suivant les cas, par produit fibré $E' \times_V E$ des surmersions π et π' ou par image réciproque ("pull-back") $\pi^* E'$ de E' par π.

Si (E,V,π) et (F,V,π') sont des fibrations vectorielles, on désignera par $\mathbb{L}^q_V(E;F)$ (resp. $\mathbb{L}^q_{V,s}(E;F)$; $\mathbb{L}^q_{V,a}(E;F)$) le fibré vectoriel, de base V, réunion pour x parcourant V des espaces vectoriels $\mathbb{L}^q(E_x;F_x)$ (resp. $\mathbb{L}^q_s(E_x;F_x)$; $\mathbb{L}^q_a(E_x;F_x)$); nous désignerons encore par A et S les morphismes $\mathbb{L}^q_V(E;F) \to \mathbb{L}^q_{V,a}(E;F)$ et $\mathbb{L}^q_V(E;F) \to \mathbb{L}^q_{V,s}(E;F)$ déduits des projecteurs continus dans les fibres.

Enfin, conformément à [3], nous désignerons par groupe de Lie une variété différentiable G munie d'une structure de groupe telle que la loi de composition soit différentiable (dans [10], l'expression "groupe de Lie" signifie que la variété sous-jacente est de dimension finie).

2. GROUPOÏDES ET FIBRATIONS PRINCIPALES ABSTRAITES

Définition 2.1. Un groupoïde Φ est une catégorie dont tous les morphismes sont inversibles c'est-à-dire Φ peut être défini [4.h] comme une classe d'éléments (dans la suite nous supposerons que Φ est un ensemble) sur laquelle est donnée une multiplication partielle satisfaisant les axiomes suivants:

1) Si l'on appelle unité tout élément e tel que $fe = f$ et $eg = g$ pour tous les éléments f et g tels que fe et ef soient définis (e est alors dit unité à droite de f, unité à gauche de g), tout $h \in \Phi$ admet une unité à droite unique $\alpha(h)$ et une unité à gauche unique $\beta(h)$.
2) Pour que gf soit défini, il faut et il suffit que l'on ait: $\alpha(g) = \beta(f)$.
3) $\alpha(gf) = \alpha(f)$ et $\beta(gf) = \beta(g)$.
4) Si $(hg)f$ est défini, alors $h(gf)$ (qui est défini d'après les axiomes précédents) est égal à $(hg)f$.
5) Pour tout f, il existe un élément f' tel que $f'f = \alpha(f)$, $ff' = \beta(f)$; cet élément f' est alors unique; il sera désigné par f^{-1}.

Soit Φ_o la classe des unités de Φ : toute classe V en correspondance bijective avec les unités de Φ_o sera appelée classe des objets de Φ .

Un groupoïde est dit <u>transitif</u>, si pour tout couple d'unités (e,e'), il existe $f \in \Phi$ tel que $\alpha(f) = e$, $\beta(f) = e'$ c'est-à-dire si l'application $\alpha \times \beta: \Phi \to \Phi_o \times \Phi_o$ est surjective.

Un <u>foncteur</u> covariant (resp. contravariant) d'un groupoïde Φ vers un groupoïde Φ' est une application F possédant les propriétés suivantes:

1) Si $f, g \in \Phi$ et si fg est défini, alors $F(fg) = F(f)\, F(g)$ (resp. $F(fg) = F(g)\, F(f)$.

2) Si $e \in \Phi_o$, alors $F(e)$ est une unité de Φ'.

Il en résulte que $F(f^{-1}) = (F(f))^{-1}$.

<u>Exemples de groupoïdes</u>:

1) Un groupe est un groupoïde possédant une seule unité.

2) Soit V un ensemble; le produit $V \times V$ est muni d'une structure de groupoïde transitif par la loi de multiplication suivante: le composé $(b',a')(b,a)$ est défini si et seulement si $b = a'$; ce composé est alors (b',a); les unités de $V \times V$ sont les éléments de la diagonale Δ_V; l'inverse de (b,a) est (a,b). L'application $\alpha \times \beta: \Phi \to \Phi_o \times \Phi_o$ peut être considérée comme un foncteur covariant de Φ vers $\Phi_o \times \Phi_o$.

3) Toute somme de groupes (notamment un fibré vectoriel) est un groupoïde pour lequel $\alpha = \beta$ [14].
Pour tout groupoïde Φ, l'image réciproque par $\alpha \times \beta$ de la diagonale Δ_{Φ_o} de $\Phi_o \times \Phi_o$ est une somme de groupes.

On définit la <u>section canonique</u> $\iota: \Phi_o \to \Phi$ qui à tout $e \in \Phi_o$ associe l'unité $\tilde{e}$ du groupe, image réciproque de (e,e) par (α,β); si $\Phi = V \times V$, cette section est l'application $V \to \Delta_V$ définie par $a \to (a,a)$.

<u>Définition 2.2</u>. [4.c]. Un groupoïde Φ opère à gauche sur un ensemble E s'il existe une loi de multiplication $(\theta,z) \to \theta z$ $(\theta \in \Phi,\ z \in E)$ partiellement définie telle que:

1) chacun des composés $\theta'(\theta z)$ et $(\theta'\theta)z$ est défini si et seulement si θz et $\theta'\theta$ sont définis: alors $\theta'(\theta z) = (\theta'\theta)z$.

2) Si e est unité de Φ et si ez est défini, on a: $ez = z$.

3) Tout $z \in E$ peut être composé avec au moins un $\theta \in \Phi$ et tout $\theta \in \Phi$ peut être composé avec au moins un élément $z \in E$.

Pour tout $z \in E$, il existe une unité bien déterminée $p(z)$ telle que $p(z)z$ soit définie. On a donc une surjection p de E sur Φ_o, telle que le composé θz est défini si et seulement si $\alpha(\theta) = p(z)$ et alors $\beta(\theta) = p(\theta z)$. L'ensemble des couples composables (θ,z) s'identifie donc au produit fibré $\Phi \times_{\Phi_o} E$ défini au moyen des surjections α et p.

On dira que Φ opère <u>transitivement</u> sur E si pour tout couple (z',z) il existe θ tel que $z' = \theta z$; si Φ opère transitivement sur E, il est transitif. On dira que Φ est <u>α-transitif</u> sur E si $\forall z, z'$ tels que $p(z) = p(z')$, il existe θ satisfaisant $z' = \theta z$.

On dira que Φ opère librement sur E si $\theta z = z$ entraîne $\theta = p(z)$ (alors $\theta z = \theta' z$ entraîne $\theta = \theta'$). Si Φ opère librement et transitivement, il sera dit simplement transitif sur E.

Définition 2.3. Une fibration principale abstraite (de groupe structural G) ou **G-f.p.a** est un ensemble P sur lequel un groupe G opère librement à droite par $z \to z.g$.

Une fibration principale différentiable au sens usuel est une fibration principale abstraite.

On peut déduire une action à gauche de G par $g^{-1}z = zg$; G devient alors un groupoïde d'opérateurs sur P, opérant librement.

Soit $V = P/G$ l'espace des orbites de G (ou base de P) et soit π la surjection $P \to V$; on notera $P_x = \pi^{-1}(x)$.

Pour tout $z \in P$, l'application $g \to zg$ est une bijection de G sur l'orbite de z ; par abus d'écriture, on désignera encore par z cette bijection; par suite pour tout couple (z,z') tel que $\pi(z) = \pi(z')$, l'unique élément $g \in G$ tel que $z' = zg$ sera noté $z^{-1}z'$; dans le cas où G est abélien, cet élément sera noté $z' - z$.

Exemples de fibrations principales abstraites.

1) Un espace affine A associé à un espace vectoriel est un fibré principal abstrait dont la base est réduite à un seul élément.

2) Si P est un groupe et G un sous-groupe de P, P est un fibré

principal abstrait, de base l'espace homogène P/G.

En particulier si A est un espace affine associé à un espace vectoriel E et si E' est un sous-espace vectoriel de E, alors la relation d'équivalence dans A (telle que $x \sim x'$ si et seulement si $x' = x + t$ où $t \in E'$) définit sur A une structure de E'-fibré principal dont la base est un espace affine associé à E/E' (cf. [6b]).

3) Tout produit $V \times G$, où G est un groupe, est un fibré principal abstrait dit fibré trivial; en particulier si G est réduit à son élément neutre, $V \times \{e\}$ est un fibré principal abstrait.

Définition 2.4. On appelle fibré presque principal abstrait un ensemble E sur lequel opère librement et α-transitivement un groupoïde Φ, somme de groupes.

On généralise ainsi une définition de D. Lehmann [11]. Si $\Phi = V \times G$ où G est un groupe, on retrouve un fibré principal abstrait.

Dans le cas d'un fibré presque principal quelconque, pour toute unité e de Φ, on peut définir l'action à droite du groupe $G_e = \alpha^{-1}(e)$ sur E_e (ensemble des $z \in E$ tels que ez soit défini) par $zg_e = g_e^{-1}z$.

Exemple: Si ϕ est un fibré vectoriel, E est un fibré affine

(cf. [6b]).

Soit P un G-e.f.p.a., de base V; considérons dans

le produit P x P, la relation d'équivalence ρ définie par

$(z'g,zg) \sim (z',z)$; l'espace quotient $\Phi = $ P x P$/\rho$ est alors muni d'une

structure de groupoïde: la classe d'équivalence θ de (z',z) que l'on

notera, avec les conventions précédentes, $z'z^{-1}$, s'identifie à une bi-

jection de P_x sur $P_{x'}$, où $x = \pi(z)$, $x' = \pi(z')$; le composé des

classes de (z',z) et (z'_1,z_1) existe si et seulement si $\pi(z_1) = \pi(z')$;

ce composé est alors la classe de $(z'_1 z_1^{-1} z', z)$; on a donc $\alpha(\theta) = \pi(z)$,

$\beta(\theta) = \pi(z')$. Dans le cas particulier où P $= $ V x $\{e\}$, le groupoïde Φ

est alors V x V muni de la loi de composition définie précédemment.

Pour tout fibré principal abstrait P, le groupe P x P$/\rho$

(que l'on appellera groupoïde associé à P et que l'on notera P P^{-1})

(cf. [4a]) opère transitivement et librement sur P ; l'image réciproque

de (x,x) par α x β est le groupe des bijections de la fibre P_x; les

unités de Φ sont les classes d'équivalence des couples (z,z) c'est-à-

dire les applications identiques des fibres P_x, d'où la section canonique

V $\rightarrow$ P P^{-1} qui a tout $x \in$ V associe l'application identique de P_x.

Réciproquement étant donné un groupoïde transitif Φ, si

l'on se fixe $e \in \Phi_o$, l'ensemble Φ_e des $\theta \in \Phi$ admettant e comme unité

à droite est un G_e - e.f.a., où le groupe $G_e = (\alpha$ x $\beta)^{-1}(e,e)$. On a :

$\Phi = \Phi_e \Phi_e^{-1}$. Quand e parcourt Φ_o, les groupes G_e sont isomorphes entre eux.

Propriété 2.1. Si un groupoïde Φ opère librement et transitivement sur un ensemble E, le choix d'un élément $z \in E$ définit sur E une structure de fibré principal abstrait.

En effet soit e l'unité de Φ telle que ez soit défini; alors $E = \Phi_e.z$ et E est un G_e.f.p.a., l'action de G_e étant définie de la manière suivante: si $z' = \theta z$, $z'g = \theta gz$.

Les fibrés principaux abstraits constituent une catégorie dont les morphismes sont définis de la façon suivante: si P et P' sont des fibrés principaux de groupes structuraux G et G', $f: P \to P'$ est un morphisme s'il existe un morphisme de groupes $\phi: G \to G'$ tel que $f(zg) = f(z)\phi(g)$ $\forall z \in P$ $\forall g \in G$.

Propriété 2.2. Tout morphisme $f: P \to P'$ induit un foncteur $F: P\,P^{-1} \to P'P'^{-1}$.

En effet, on a : $f \times f : (z',z) \to (f(z'), f(z))$ et

$$(z'g,zg) \to (f(z')\phi(g), f(z)\phi(g));$$

donc l'application $f \times f$ est compatible avec la relation d'équivalence ρ. On vérifie que F est un foncteur.

En particulier, appelons automorphisme du G-e.f.p.a P, tout morphisme bijectif $f: P \to P$ tel que $f(zg) = f(z)g$. On désignera par

<u>section inversible</u> d'un groupoïde Φ dont V est une classe d'objets une application $s: V \to \Phi$ telle que $\alpha s = Id_V$, βs est une bijection de V dans V (par abus d'écriture on a identifié V et l'ensemble Φ_o des unités de Φ). On a alors:

<u>Proposition 2.1.</u> Il existe une correspondance bijective entre automorphismes d'un fibré principal abstrait P et sections inversibles du groupoïde $P\,P^{-1}$.

En effet pour tout $x \in V$ et tout $z \in P_x$, le couple $(f(z),z)$ est équivalent à $(f(zg), zg)$ d'où un élément $\theta_x = f(z)z^{-1}$ (indépendant du choix de z dans P_x) et la section inversible $x \to \theta_x$, telle que $\alpha(\theta_x) = x, \beta(\theta_x) = \pi f(z)$. Réciproquement si l'on se donne $s: V \to PP^{-1}$, l'application $f: z \to s\pi(z)z$ est un automorphisme de P dont l'inverse est $f^{-1} : z \to (s\pi(z))^{-1}z$.

Au composé $f'f$ de deux automorphismes de P, correspond le composé $s's$ de deux sections inversibles; c'est la section $s'': x \to s'(x')s(x)$, où $x' = \beta s(x)$ (cf. [4g]). Au groupe des automorphismes de P, correspond donc le groupe des sections inversibles de PP^{-1}.

<u>Remarques:</u> 1) Si le fibré principal P est un groupe dont G est un sous-groupe (la base est alors l'espace homogène P/G), le groupoïde PP^{-1} s'identifie au produit $P \times P/G$.

En effet on définit une application $\bar{\omega} \times \pi$ de PP^{-1} sur $P \times P/G$ de la manière suivante: π est la projection $P \to P/G$; l'application ω: $P \times P$ qui à tout couple (z,z') associe le composé $z'.z^{-1}$ (au sens de la composition dans le groupe P) vérifie la condition $\omega(z',z) = \omega(z'g, zg)$ $\forall g \in G$; ω est donc compatible avec la relation d'équivalence ρ, d'où par passage au quotient une application $\bar{\omega}$: $PP^{-1} \to P$; l'application $\bar{\omega} \times \pi$ est une bijection: à tout couple $(y,x) \in P \times P/G$, on associe la classe d'équivalence (z,yz) où z est un élément quelconque de P_x.

Donc dans $P \times P/G$, la loi de composition est définie de la manière suivante: le composé $(y',x')\,(y,x)$ est défini si et seulement si $x' = yx$; ce composé est alors $(y'y,x)$; les unités sont les éléments (e,x), où e est l'unité de G. Par abus de notation, on écrira: $\alpha(y,x) = x$, $\beta(y,x) = yx$.

2) Si Φ est un groupoïde, pour toute unité e, le fibré principal abstrait $\Phi_e = \alpha^{-1}(e)$ est un e.f.p.a. d'un type particulier; la fibre $G_e = (\alpha \times \beta)^{-1}(e)$ est munie d'une structure de groupe et possède donc un élément distingué $\tilde{e}$, élément neutre de G_e.

Réciproquement soit P un e.f.p.a. tel que l'une des fibres P_{x_o} s'identifie au groupe structural; alors si l'on considère le groupoïde associé $\Phi = PP^{-1}$, on a: $P = \Phi_{x_o} = \alpha^{-1}(x_o)$.

3. GROUPOÏDES DIFFÉRENTIABLES ET FIBRATIONS PRINCIPALES

Rappelons qu'une surmersion (P,V,π) est une fibration principale, de groupe structural un groupe de Lie G si

1) G opère différentiablement et librement à droite sur P

2) pour tout $x_o \in V$, il existe un voisinage ouvert U et un difféomorphisme $\phi: U \times G \to \pi^{-1}(U)$ tels que:

$\forall x \in U \ \forall g, g' \in G \quad \pi(\phi(x,g)) = x \quad \phi(x,gg') = \phi(x,g)$;

il résulte de cette définition que l'application $f: P \times_V P \to G$ définie par $f(z,z') = z'z^{-1}$ est différentiable.

Réciproquement, si G opère différentiablement et librement sur une variété P, si l'application $f: (z,z') \to (z'z^{-1})$ est différentiable et si l'on a une surmersion $P \to V$ (espace des orbites), alors on a une fibration principale; en effet toute section locale $s: U \subset V \to P$ définit un difféomorphisme $\phi: \pi^{-1}(U) \to U \times G$ tel que $\phi(z) = (\pi(z), f(z, s\pi(z)))$.

La notion de groupoïde différentiable a été introduite par C. EHRESMANN [4c], [4f]; nous en donnons une définition équivalente énoncée dans [18b].

Définition 3.1. Un groupoïde différentiable Φ est une variété différentiable munie d'une structure de groupoïde telle que:

1) l'ensemble V des unités de Φ est une sous-variété de Φ

2) les applications source et but α et β sont différentiables (alors comme l'injection $V \to \Phi$ est une section différentiable de Φ relativement aux projections α et β, ces applications α et β sont des surmersions).

3) La loi de composition $(\theta,\theta') \to \theta\theta'$ est différentiable (ceci a un sens puisque l'ensemble des couples composables, produit fibré des surmersions α et β est une sous-variété de $\Phi \times \Phi$).

4) L'application $\theta \to \theta^{-1}$ est un difféomorphisme de Φ sur lui-même.

Un groupe de Lie est un groupoïde différentiable ne possédant qu'une unité.

Nous désignerons par groupoïde différentiable transitif (ce que certains auteurs [16], [15] désignent par groupoïde de Lie) un groupoïde différentiable tel que l'application $\alpha \times \beta : \Phi \to V \times V$ soit une surmersion. Il en résulte qu'un groupoïde différentiable transitif est localement trivial [4f], c'est-à-dire $\forall (x_o,y_o) \in V \times V$, il existe un voisinage ouvert U_{y_o} de y_o dans V et une application différentiable $s: U_{y_o} \to \Phi$, telle que $\alpha s(y) = x_o$, $\beta s(y) = y$ $\forall y \in U_{y_o}$. En effet comme $\alpha \times \beta$ est une surmersion, pour tout $(x_o,y_o) \in V \times V$, il existe un voisinage ouvert U_{x_o,y_o} dans $V \times V$ et une application $\sigma: U_{x_o,y_o} \to \Phi$ telle que $\alpha\sigma(x,y) = x$, $\beta\sigma(x,y) = y$, $\forall (x,y) \in U_{x_o,y_o}$; on prend U_{y_o} = image de U_{x_o,y_o} par la deuxième projection $V \times V \to V$ et s telle $s(y) = \sigma(x_o,y)$.

Proposition 3.1. Si Φ est un groupoïde différentiable transitif, pour toute unité x_o de Φ, l'ensemble $\Phi_{x_o} = \alpha^{-1}(x_o)$ est un fibré principal, de base la variété des unités de Φ.

En effet, on sait que Φ_{x_0} est un fibré principal abstrait; comme α est une surmersion, Φ_{x_0} est une sous-variété de Φ; le groupe $G_{x_0} = (\alpha \times \beta)^{-1}(x_0,x_0)$ est un groupe de Lie; l'application $\Phi_{x_0,y_0} = (\alpha \times \beta)^{-1}(x_0,y_0) \to \Phi_{x_0}$ définie par $(\theta,\theta') \to \theta^{-1}\theta'$ est différentiable; comme Φ_{x_0} admet des sections locales, Φ_{x_0} est bien un fibré principal.

Cette proposition a été démontrée dans le cas d'un groupoïde topologique localement trivial et d'un groupoïde différentiable de dimension finie dans [4c], [4f]; voir également [16], [15] pour le cas différentiable de dimension finie.

Réciproquement si P est un fibré principal, on vérifie que le groupoïde associé PP^{-1} est différentiable et transitif. On a la section canonique $\iota: V \to PP^{-1}$ qui à tout $x \in V$ associe l'automorphisme identique $\tilde{x}$ de la fibre P_x.

Il résulte de la proposition 3.1 que tout groupoïde différentiable transitif est associé à des fibrés principaux.

Un <u>groupoïde différentiable</u> Φ <u>opère à gauche</u> sur une variété E si les conditions de la définition 2.2 sont satisfaites et si de plus

1°) la projection $E \to V$ est une surmersion

2°) dans l'ensemble $\Phi \times_V E$ des couples composables (qui est une variété comme produit fibré de surmersions) la loi de composition $(\theta, z) \to \theta z$ est différentiable.

Si Φ opère librement et transitivement sur E (cf. proposition 2.1) le choix de $z \in E$ définit sur E une structure de fibré principal différentiable. On a de même la notion de fibré presque principal différentiable.

Si une surmersion (E, V, ω) est une fibration associée à une fibration principale (P, V, π), alors le groupoïde PP^{-1} opère différentiablement et transitivement sur E: c'est le groupoïde des isomorphismes de fibre sur fibre.

A tout morphisme $P \to P'$ de la catégorie des fibrés principaux (c'est-à-dire à tout morphisme de fibrés principaux abstrait qui soit différentiable) correspond une application différentiable qui est un foncteur $PP^{-1} \to P'P'^{-1}$ (cf. propriété 2.2). En particulier à tout automorphisme local f de P c'est-à-dire à tout difféomorphisme $f: \pi^{-1}(U) \to \pi^{-1}(U')$ (où $U' = \pi f(U)$) tel que $f(zg) = f(z)g$, correspond une section locale inversible $s: U \to \Phi$; la proposition 2.1 devient:

<u>Proposition 3.2.</u> Il existe une correspondance bijective entre automorphismes locaux d'un fibré principal P et sections locales inversibles différentiables du groupoïde associé PP^{-1}.

L'ensemble Γ de ces automorphismes locaux constitue un pseudo-groupe de transformations sur P; l'ensemble Θ des sections inversibles est alors un pseudo-groupe [4g] pour la multiplication $(s,s') = s''$ où $s'': x \to s'(x')s(x)$ où $x' = \beta s(x)$. Si $J^{\lambda}(\Gamma)$ (resp. Θ^{λ}) est le groupoïde des germes d'applications appartenant à Γ(resp. Θ), on a le diagramme commutatif:

$$\begin{array}{ccc} J^{\lambda}(\Gamma) & \longrightarrow & \theta^{\lambda} \\ \alpha\downarrow & & \downarrow\alpha \\ P & \xrightarrow[\pi]{} & V \end{array}$$

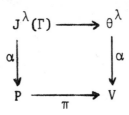

4. RAPPELS SUR LES JETS INFINITÉSIMAUX

Soient f et g deux applications différentiables dont les sources sont des voisinages ouverts d'un point x d'une variété V, les buts étant contenus dans une variété W et telles que $f(x) = g(x)$; si les applications f et g sont représentées au moyen de cartes locales ϕ et ψ (dont les buts sont des voisinages U et U_1 de x et $f(x)$) par des applications $f_{\phi\psi}$ et $g_{\phi\psi}$ ayant même polynôme de Taylor à l'ordre k en $\phi^{-1}(x)$, alors d'après la formule donnant la différentielle d'ordre k d'une application composée, pour tout autre couple (ϕ',ψ') de cartes locales, au voisinage de x et $f(x)$, f et g sont représentées par des applications $f_{\phi'\psi'}$ et $g_{\phi'\psi'}$ ayant même polynôme de Taylor d'ordre k en $\phi'^{-1}(x)$.

On définit ainsi une relation d'équivalence entre applications définies au voisinage de x; la classe d'équivalence de f est appelée k-jet de f, de source x, de but $f(x)$ et sera notée $j_x^k f$. Soit $J^k(V,W)$ l'ensemble de tous les k-jets de V dans W (et $J^k_{x,y}(V,W)$ le sous-ensemble des jets de source x, but y). On a pour $k' < k$, la projection $\pi^k_{k'} : J^k(V,W) \to J^{k'}(V,W)$. En particulier $J^o(V,W)$ s'identifie à $V \times W$ et la projection π^k_o à $\alpha \times \beta$, où α est l'application "source" et β l'application "but" $(\alpha(j^k_x f) = x,\ \beta(j^k_x f) = f(x))$.

Si V et W sont respectivement modelées sur les espaces de Banach $\mathbb{B}$ et $\mathbb{B}'$, l'ensemble $J^k(V,W)$ est muni d'une structure de variété différentiable modelée sur $\mathbb{B} \times \mathbb{B}' \times \mathbb{L}(\mathbb{B},\mathbb{B}') \times \ldots \times \mathbb{L}^k_s(\mathbb{B},\mathbb{B}')$; en effet si ϕ et ψ sont des cartes locales, de buts $U \subset V$ et $U_1 \subset W$, on a une bijection

$$\eta: (\alpha \times \beta)^{-1}(U \times U_1) \to \phi^{-1}(U) \times \psi^{-1}(U_1) \times \mathbb{L}(\mathbb{B},\mathbb{B}')\times \ldots \times \mathbb{L}_s^k(\mathbb{B},\mathbb{B}')$$

définie, en posant $\tilde{x} = \phi^{-1}(x)$, $\tilde{y} = \psi^{-1}(f(x))$, par:

$$\eta(j_x^k f) = (\tilde{x},\tilde{y},Df_{\phi\psi}(\tilde{x}),\ldots,D_s^k f_{\phi\psi}(\tilde{x})) \;;$$

et l'on démontre, en considérant les changements de cartes locales sur V et W, que les cartes locales correspondantes de $J^k(V,W)$ constituent un atlas sur $J^k(V,W)$ définissant une structure de variété différentiable (si V et W sont seulement de classe C^r avec $r \geq k$, alors $J^k(V,W)$ est de classe C^{r-k}); on démontre même que les projections α, β, $\alpha \times \beta$ définissent sur $J^k(V,W)$ des structures fibrées localement triviales, de bases respectives, V, W, $V \times W$; l'application $j^k f: x \to j_x^k f$ est une section locale de $J^k(V,W)$ au-dessus de la source de x, relativement à la projection α; l'utilisation de cartes locales montre que le jet $j_x^1 j^k f$ s'identifie à $j_x^{k+1} f$ et l'on a:

$$j^k f(x) = \pi_k^{k+1}\, j_x^1\, j^k f\ .$$

Soient trois variétés V,W,Z et soient f et g deux applications de sources respectives $U \subset V$, $U' \subset W$, à valeurs respectivement dans W et Z; si la source de l'application $g.f$ n'est pas vide, alors le jet $j_x^k(g.f)$ (où $x \in$ source de $g.f$) ne dépend que de $j_x^k f$ et $j_{f(x)}^k g$, d'où la <u>composition des jets</u>:

$$j_x^k(g.f) = j_{f(x)}^k\, g.j_x^k f\ .$$

L'ensemble des couples composables (y^k, y'^k) où

$y^k \in J^k(V,W)$, $y'^k \in J^k(W,Z)$ est le produit fibré sur W des applications $\beta: J^k(V,W) \to W$ et $\alpha: J^k(W,Z) \to W$; c'est donc une sous-variété de $J^k(V,W) \times J^k(W,Z)$; sur cette sous-variété, la composition des jets est une application différentiable à valeurs dans $J^k(V,Z)$. En particulier, un jet d'ordre k est inversible s'il est le jet d'un difféomorphisme; pour qu'il en soit ainsi, d'après le théorème des fonctions inverses, il faut et il suffit que le jet du premier ordre qu'il détermine soit inversible.

Le sous-ensemble $\pi^k(V)$ de tous les k-jets inversibles de $J^k(V,V)$ est une sous-variété ouverte de $J^k(V,V)$; $\pi^k(V)$ est un groupoïde différentiable: la composition des jets définit sur $\pi^k(V)$ une structure de groupoïde dont l'ensemble des unités est l'ensemble des jets de l'application identique de V et s'identifie donc à la diagonale Δ_V de $V \times V$; en raison des structures fibrées sur $J^k(V,V)$, cette diagonale est une sous-variété de $\pi^k(V)$ (ou encore la section $j^k Id_V: V \to J^k(V,V)$ a pour image Δ_V); α et β sont des applications différentiables de $\pi^k(V)$ sur V; l'application $\theta^k \in \pi^k(V) \to (\theta^k)^{-1}$ est également différentiable.

Pour tout espace de Banach $\mathbb{E}$, désignons par $T^k_{\mathbb{E}}V$ (resp. $T^k_{\mathbb{E},x}V$) l'espace des k-jets de $\mathbb{E}$ dans V, de source 0, de but quelconque (resp. de but x); si V est modelée sur $\mathbb{B}$, alors le sous-ensemble $H^k(V)$ de $T^k_{\mathbb{B}}V$, formé des jets inversibles, est appelé l'espace des repères d'ordre k; c'est un fibré principal différentiable, de groupe structural

$\mathbb{L}^k_{\mathbb{B}}$, groupe des k-jets inversibles de $\mathbb{B}$ dans $\mathbb{B}$, de source et but 0; ce groupe $\mathbb{L}^k_{\mathbb{B}}$ est bien un groupe de Lie: ce groupe, image réciproque par $\alpha \times \beta$ de 0, est une sous-variété de $J^k(\mathbb{B},\mathbb{B})$, et la composition des jets est différentiable. D'ailleurs le groupoïde associé à $H^k(V)$ est le groupoïde $\pi^k(V)$ des k-jets inversibles de V.

Si $E = \mathbb{R}^n$, on écrira $T^k_n V$ au lieu de $T^k_{\mathbb{R}^n} V$; en particulier pour $n = 1$, on écrira $T^k V$ (espace des k-vitesses); pour $k = 1$, l'espace des vitesses d'ordre 1 est identique à l'espace TV des vecteurs tangents à V; en effet au moyen d'une carte locale ϕ dont le but contient x, une vitesse du premier ordre est représentée par $(0,\phi^{-1}(x), D_0(\phi^{-1}f))$, où $f: I \subset \mathbb{R} \to V$ applique 0 sur x; au moyen d'une autre carte locale ψ, ce même jet est représenté par $(0,\psi^{-1}(x), D_0(\psi^{-1}f))$; on a:

$$D_0(\psi^{-1}f) = D_{\phi^{-1}(x)}(\psi^{-1}\phi)D_0(\phi^{-1}f);$$ comme $D_0(\phi^{-1}f)$ et $D_0(\psi^{-1}f)$ appartiennent à $\mathbb{L}(\mathbb{R},\mathbb{B})$, en identifiant $\mathbb{L}(\mathbb{R},\mathbb{B})$ à $\mathbb{B}$, on retrouve la première définition des vecteurs tangents. Pour toute application $\gamma: I \subset R \to V$, la vitesse $j^1_0(\gamma\cdot\tau_{\gamma(t)})$ (où τ_t est la translation de $\mathbb{R}$: $u \to u + t$) sera désignée par $\dot{\gamma}(t)$.

Le prolongement d'une application $g: V \to W$ en une application $Tg: TV \to TW$ se définit au moyen de la composition des jets: si $X \in T_xV$, alors $T_xf(X)$ est le jet composé $j^1_xf.X$; la restriction T_xf de Tf à T_xV est une application linéaire, à valeurs dans $T_{f(x)}W$: au moyen de cartes locales ϕ et ψ dont les buts contiennent x et $f(x)$, $T_x f$ est représentée par $D_u f_{\phi\psi}$ (où $u = \phi^{-1}(x)$).

Si ϕ' et ψ' sont d'autres cartes locales, $T_x f$ est représentée par $D_v(\psi'^{-1}\psi) D_u f_{\phi\psi} D_{u'}(\phi^{-1}\phi')$, où $u' = \phi'^{-1}(x)$, $v = \psi^{-1}(x)$. On en déduit

<u>Propriété 4.1.</u> <u>Il existe une bijection canonique de</u> $J^1_{x,y}(V,W)$ <u>sur</u> $L(T_x V,\ T_y W)$.

Dans la suite, on pourra identifier jets du 1er ordre et applications linéaires. Par suite l'application $\alpha \times \beta$ définit sur $J^1(V,W)$ une <u>structure de fibré vectoriel.</u>

<u>Remarque</u>. Le groupe $L^1_{\mathbb{B}}$ s'identifie au groupe $L_{\mathbb{B}}$ = Isom $\mathbb{B}$ des isomorphismes de $\mathbb{B}$ dans $\mathbb{B}$.

5. JETS ET ÉLÉMENTS DE CONTACT

Soit une surmersion (E,V,π); donc en chaque $y \in E$, l'application linéaire $T_y\pi$ est surjective et son noyau (espace des vecteurs "verticaux" c'est-à-dire tangents à la fibre $\pi^{-1}(x)$, où $x = \pi(y)$) admet un supplémentaire topologique. On a donc la suite exacte de fibrés vectoriels de base E:

$$0 \to \upsilon_V TE \to TE \to \pi^*TV \to 0 \quad ,$$

où $\upsilon_V TE$ est le sous-fibré de TE, formé des vecteurs verticaux; on désignera par <u>élément de contact transversal</u> tout supplémentaire topologique d'un élément de $\upsilon_V TE$.

Au voisinage de tout point $x \in V$, il existe des sections locales de E. Nous désignerons par $J_k E$ l'espace des k-jets de toutes les sections locales.

<u>Propriété 5.1.</u> $J_k E$ <u>est une sous-variété de</u> $J^k(V,E)$ <u>et l'application</u> $\beta: J_k E \to E$ <u>est une surmersion.</u>

En effet, pour tout $y \in E$, il existe une carte locale $\psi: \mathcal{U}_1 \times \mathcal{U}_2 \to E$ (où $\mathcal{U}_1$ et $\mathcal{U}_2$ sont des ouverts d'espaces de Banach $\mathbb{B}_1$ et $\mathbb{B}_2$) l'espace $\mathbb{B}_2$ étant isomorphe aux fibres de $\upsilon_V TE$ et une carte locale $\phi: \mathcal{U}_3 \to V$ ($\mathcal{U}_3$ ouvert de B), telles que la surmersion π s'exprime par $\pi_{\phi\psi}: \mathcal{U}_1 \times \mathcal{U}_2 \to \mathcal{U}_3$, l'application $\pi_{\psi\phi}$ étant le composé de la projection $\mathcal{U}_1 \times \mathcal{U}_2 \to \mathcal{U}_1$ et d'un isomorphisme $\mathcal{U}_1 \to \mathcal{U}'_3$ (ouvert de $\mathcal{U}_3$); on en déduit que l'application $j^k\pi: J^k(V,E) \to J^k(V,V)$ est une surmersion (pour $k = 1$, $j^1\pi$ s'identifie à $T\pi$); alors $J_k(E)$ est l'image réciproque par $J^k\pi$ de la sous-variété de $J_k(V,V)$ formée des jets $j^k_x\, Id_V$. De plus une section s de E au-dessus de $\phi(\mathcal{U}'_3)$ s'exprimant par une application $s_{\phi\psi}: \mathcal{U}'_3 \to \mathcal{U}_2$, on en déduit une bijection

$$\eta: \beta^{-1}[\psi(\mathcal{U}_1 \times \mathcal{U}_2)] \subset J_kE \to \mathcal{U}_1 \times \mathcal{U}_2 \times \mathbb{L}(\mathbb{B},\mathbb{B}_2) \times \dots \times \mathbb{L}^k_s(\mathbb{B},\mathbb{B}_2)$$

définie par $\eta(j^k_x s) = (\tilde{y}, D_{\tilde{x}}s_{\phi\psi}, \dots, D^k_{\tilde{x}}s_{\phi\psi})$, où $\tilde{y} = \psi^{-1}(y)$, $x = \pi(y)$, $\tilde{x} = \pi_{\psi\phi}(\tilde{y}) = \phi^{-1}(x)$. On en déduit que β est une surmersion.

Remarque. Si $f: E \to F$ est un morphisme dans la catégorie des surmersions de base V, alors j^kf est un morphisme: $J_kE \to J_kF$; en effet toute section locale s de E est transformée en une section locale fs de F et j^kf est le morphisme: $j^k_x s \to j^k_{s(x)}f \cdot j^k_x s$.

L'espace $\bigcup_{y \in E} J^k_{\pi(y),y}(V,E)$ est le produit fibré des applications $\alpha \times \beta: J^k(V,E) \to V \times E$ et $\pi \times id_E: E \times E \to V \times E$; c'est donc une sous-variété de $J^k(V,E)$, que nous désignerons par abus d'écriture, $\pi^*J^k(V,E)$; on montre encore que J_kE est une sous-variété de $\pi^*J^k(V,E)$. En particulier pour $k = 1$, l'espace $\pi^*J^1(V,E)$ est canoniquement isomorphe au fibré vectoriel $\mathbb{L}_E(\pi^*TV, TE) = \bigcup_{y \in E} \mathbb{L}(T_{\pi(y)}V, T_yE)$; tout élément $z \in J_1E$, tel que $\beta(z) = y$, s'identifie donc à une application linéaire continue $z: T_{\pi(y)}V \to T_yE$ inversible à droite; cette application est entièrement déterminée par son image qui doit être un élément de contact transversal H_y: on a $z = (T_y\pi|H_y)^{-1}$. Si l'on choisit un tel élément de contact H_y, alors comme $T_yE = \upsilon_V T_y E \oplus H_y$, tout $z' \in J_1E$, de but y, s'identifie à l'application linéaire $z \to u$, où $u \in \mathbb{L}(T_{\pi(y)}V, \upsilon_V T_y E)$; dans J_1E, l'image réciproque par β de y est donc un espace affine attaché à l'espace vectoriel $\mathbb{L}(T_{\pi(y)}V, \upsilon_V T_y E)$; comme β est une surmersion, on a:

Proposition 5.1. Pour une surmersion (E,V,π), l'espace J_1E s'identifie à l'espace des éléments de contact transversaux; l'application $\beta: J_1E \to E$ définit une structure d'espace fibré affine attaché au fibré vectoriel $\mathbb{L}_E(\pi^*TV, \upsilon_V TE)$; par suite le noyau $\upsilon_E TJ_1E$ de la projection $TJ_1E \to \beta^*TE$ s'identifie à ce fibré vectoriel (en dimension finie, pour la première partie de l'énoncé [cf. 4g]; pour la deuxième partie [cf. Goldschmidt [6] et Kuranishi [8]]).

Si la surmersion (E,V,π) est une fibration vectorielle, alors en tout $y \in E$, $\upsilon_V T_y E$ s'identifie à E; on en déduit la suite exacte de fibrés vectoriels, de base V(classique en dimension finie):

$$0 \to \mathbb{L}_V(TV,E) \to J_1E \to E \to 0 \quad .$$

6. JETS SEMI-HOLONOMES

Les jets définis précédemment sont appelés jets holonomes. Par itération de l'opérateur J_1, on obtient les prolongements non holonomes d'une surmersion (E,V,π): $\tilde{J}_2E = J_1J_1E, \ldots, \tilde{J}_kE = J_1\tilde{J}_{k-1}E$; en partant de la surmersion $(V \times W, V, pr_1)$, on obtient $\tilde{J}^k(V,W)$, espace des k-jets non holonomes de V dans W.

On a le diagramme commutatif suivant, où d'après le paragraphe précédent, toutes les flèches sont des surmersions:

$$\begin{array}{ccc} J_1J_1E & \xrightarrow{\;j^1\beta\;} & J_1E \\ \downarrow{\scriptstyle \beta} & & \downarrow{\scriptstyle \beta} \\ J_1E & \xrightarrow[\;\beta\;]{} & E \end{array}$$

Soit $\overline{J}_2E \subset J_1J_1E$ le noyau de la double flèche $(\beta, j^1\pi)$ c'est-à-dire $\overline{J}_2E = \{a^2 \in J_1J_1E;\ \beta(a^2) = j^1\beta(a^2)\}$. D'après [3], $\overline{J}_2E$ est une sous-variété de J_1J_1E que l'on appellera <u>prolongement semi-holonome d'ordre 2</u> de E; on désignera encore par β la restriction à $\overline{J}_2E$ de $\beta: J_1J_1E \to J_1E$.

<u>Remarque</u>. $\overline{J}_2E$ est l'ensemble des jets des sections locales de J_1E au-dessus d'ouverts de V possédant la propriété suivante: si s_1 est une telle section, définie dans un voisinage U de x et si $s = \beta s_1$, alors $s_1(x) = j^1_x s$.

On définit le prolongement semi-holonome d'ordre q de E

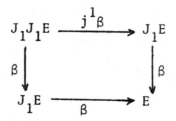

par récurrence; supposons défini $\overline{J}_{q-1}E$; on a alors le diagramme commutatif

$$\begin{array}{ccc} J_1\overline{J}_{q-1}E & \xrightarrow{j^1\beta} & J_1\overline{J}_{q-2}E \\ \beta\downarrow & & \downarrow\beta \\ \overline{J}_{q-1}E & \xrightarrow[\beta]{} & \overline{J}_{q-2}E \end{array}$$

et $\overline{J}_qE \subset J_1\overline{J}_{q-1}E$ est le noyau de la double flêche $(\beta, j^1\beta)$, ce qui a un sens puisque $\overline{J}_{q-1}E \subset J_1\overline{J}_{q-2}E$. En partant de $(V \times W, V, pr_1)$ on définit l'espace $\overline{J}^q(V,W)$ des jets semi-holonomes de V dans W.

Si E est un fibré vectoriel, de la commutativité des diagrammes, on déduit un morphisme de fibrés vectoriels $j^1\beta - \beta$ qui envoie $J_1\overline{J}_{q-1}E$ sur le noyau $\mathbb{L}_V(TV, \overline{J}_{q-2}E)$ de la projection $J_1\overline{J}_{q-2}E \to \overline{J}_{q-2}E$ et $\overline{J}_qE$ est le noyau de $j^1\beta - \beta$, d'où la suite exacte de fibrés vectoriels de base V:

$$0 \to \overline{J}_qE \to J_1\overline{J}_{q-1}E \to \mathbb{L}_V(TV,\overline{J}_{q-2}E) \to 0$$

Pour toute surmersion (E,V,π), nous désignerons par $\overline{\omega}^q$ l'application $\overline{J}_qE \to E$. On a la proposition suivante:

<u>Proposition 6.1</u>. L'application $\beta: \overline{J}_qE \to \overline{J}_{q-1}E$ définit sur $\overline{J}_qE$ une structure de fibré affine, de base $\overline{J}_{q-1}E$, attaché au fibré vectoriel $\overline{\omega}^{q-1*}\mathbb{L}^q_E(\pi^*TV, \nu_VTE)$; ce fibré vectoriel a donc comme image réciproque sur $\overline{J}_qE$ le "fibré vertical" $\nu_{\overline{J}_{q-1}E}T\,\overline{J}_qE$.

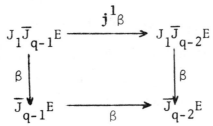

On raisonne par récurrence, la proposition étant démontrée pour $q = 1$. Soit $y_q \in \bar{J}_q E$ et soit $y_{q-1} = \beta(y_q) = T\beta(y_q)$; d'après §5, l'ensemble des $y'_q \in J_1\bar{J}_{q-1}E$ tels que $\beta(y'_q) = \beta(y_q)$ s'identifie à l'ensemble des applications linéaires $y'_q\colon T_xV \to T_{y_{q-1}}\bar{J}_{q-1}E$ (où $x = \pi\bar{\omega}^{q-1}(y_{q-1})$), telles que $y'_q - y_q \in \mathbb{L}(T_xV, \nu_V T_{y_{q-1}}\bar{J}_{q-1}E)$; d'autre part $j^1\beta$ s'identifie à $T\beta\colon T\bar{J}_{q-1}E \to T\bar{J}_{q-2}E$; donc pour que $y'_q \in \bar{J}_q E$, c'est-à-dire $j^1\beta(y'_q) = y_{q-1}$, il faut et il suffit que l'application linéaire $T_{y_{q-1}}\beta.(y'_q - y_q)$ soit nulle ou encore

$y'_q - y_q \in \mathbb{L}(T_xV, \nu_{\bar{J}_{q-2}E}T_{y_{q-1}}\bar{J}_{q-1}E)$, c'est-à-dire si l'on admet la proposition jusqu'à l'ordre $q-1$, $y'_q - y_q \in \mathbb{L}(T_xV, \mathbb{L}^{q-1}(T_xV, \nu_V T_y E))$, d'où la structure d'espace affine sur $\bar{J}_q E$.

Dans le cas où E est un fibré vectoriel, on en déduit la suite exacte de fibrés vectoriels, de base V (démontrée autrement dans [12b]):

$$0 \to \mathbb{L}^q_V(TV,E) \to \bar{J}_q E \to \bar{J}_{q-1}E \to 0$$

On désignera par <u>sous-surmersion</u> (sous-variété fibrée au sens de [6b]) d'une surmersion (E,V,π) une surmersion (E',V,π) vérifiant les conditions: E' est une sous-variété de E, l'injection canonique $\iota\colon E' \to E$ est un morphisme de surmersions et $\pi' = \pi \circ \iota$.

Soit alors une sous-surmersion $(\bar{R}_q,V,\pi')$ de $(\bar{J}_q E,V,\pi\bar{\omega}^q)$ telle que la projection $\beta\colon \bar{J}_q E \to \bar{J}_{q-1}E$, restreinte à $\bar{R}_q$, définisse sur

$\overline{R}_q$ une structure de fibré affine, de base la variété $\beta(\overline{R}_{q-1})$, attachée à un fibré vectoriel $n_q \subset \overline{\omega}^{q-1*}\mathbb{L}^q_E(\pi^*TV, \nu_V TE)$; alors si l'on définit pour $k \geq 1$ les prolongements semi-holonomes $\overline{R}_{q+k}$ de $\overline{R}_q$ par $\overline{R}_{q+1} = J_1(\overline{R}_q) \cap \overline{J}_{q+1}E, \ldots, \overline{R}_{q+k} = J_1(\overline{R}_{q+k-1}) \cap \overline{J}_{q+k}E)$, en utilisant un raisonnement identique à celui de la démonstration de la proposition 6.1 on a:

Proposition 6.2. La proposition β définit sur $\overline{R}_{q+k}$ une structure de fibré affine, de base $\overline{R}_{q+k-1}$, attaché au fibré vectoriel $\overline{\omega}^{q+k-1*}\mathbb{L}^k_E(\pi^*TV, n_q)$.

Dans le cas d'un fibré vectoriel E, si $\overline{R}_q$ et $\overline{R}_{q-1}$ sont des fibrés vectoriels, et si n_q est le noyau de $\overline{R}_q \to \overline{R}_{q-1}$, alors le noyau de $\overline{R}_{q+k} \to \overline{R}_{q+k-1}$ est le fibré vectoriel $\mathbb{L}^k_V(TV, n_q)$, résultat démontré autrement en dimension finie dans [12d].

7. RELATIONS ENTRE PROLONGEMENTS HOLONOMES, SESQUIHOLONOMES, SEMI-HOLONOMES

Dans le paragraphe précédent, nous avons, par récurrence, démontré des propriétés des prolongements semi-holonomes sans utiliser de cartes locales.

Si l'on utilise de telles cartes, avec les notations de §5, une section s_1 de J_1E au-dessus de $U = \phi(\mathcal{U}_3')$ (se projetant suivant une section $s = \beta s_1$ de E) s'exprime par un couple d'applications $(s_{\phi\psi}, \sigma_{\phi\psi}): \mathcal{U}_3' \to \mathcal{U}_2 \times \mathbb{L}(\mathbb{B},\mathbb{B}_2)$ et le jet $j_x^1 s_1$ est représenté par $(\tilde{y} = s_{\phi\psi}(\tilde{x}),\ \sigma_{\phi\psi}(\tilde{x}),\ D_{\tilde{x}} s_{\phi\psi},\ D_{\tilde{x}}\sigma_{\phi\psi})$ c'est-à-dire par un élément de $\mathcal{U}_1 \times \mathcal{U}_2 \times \mathbb{L}(\mathbb{B},\mathbb{B}_2) \times \mathbb{L}(\mathbb{B},\mathbb{B}_2) \times \mathbb{L}^2(\mathbb{B},\mathbb{B}_2)$; pour que $j_x^1 s_1$ appartienne à $\overline{J}_2E$, il faut et il suffit que $s_1(x) = j_x^1 s$ c'est-à-dire $\sigma_{\phi\psi}(\tilde{x}) = D_{\tilde{x}} s_{\phi\psi}$; $j_x^1 s$ est alors élément de $\mathcal{U}_1 \times \mathcal{U}_2 \times \mathbb{L}(\mathbb{B},\mathbb{B}_2) \times \mathbb{L}^2(\mathbb{B},\mathbb{B}_2)$; par itération on démontre qu'il existe une bijection de $\mathcal{U}_1 \times \mathcal{U}_2 \times \mathbb{L}(\mathbb{B},\mathbb{B}_2) \times \ldots \times \mathbb{L}^q(\mathbb{B};\mathbb{B}_2)$ sur l'image réciproque $\beta^{-1}[\psi(\mathcal{U}_1 \times \mathcal{U}_2)]$ dans $\overline{J}_qE$.

D'après une remarque de §4, la section locale s de E définit une section locale $j^1 s$ de J_1E telle que $j_x^1 j^1 s$ s'identifie à $j_x^2 s$ et $j^1 s(x) = j_x^1 s = \beta(j_x^1\, j^1 s)$; donc $J_2E \subset \overline{J}_2E$. Par récurrence, on démontre que $J_qE \subset \overline{J}_qE$. Comme il existe une bijection de $\mathcal{U}_1 \times \mathcal{U}_2 \times \mathbb{L}(\mathbb{B},\mathbb{B}_2) \times \mathbb{L}_s^2(\mathbb{B},\mathbb{B}_2) \times \ldots \times \mathbb{L}_s^q(\mathbb{B},\mathbb{B}_2)$ sur l'image réciproque $\beta^{-1}(\psi(\mathcal{U}_1 \times \mathcal{U}_2))$ dans J_qE et que pour tout k, l'espace vectoriel $\mathbb{L}_s^k(\mathbb{B},\mathbb{B}_2)$ est un sous-espace vectoriel fermé direct de $\mathbb{L}^k(\mathbb{B},\mathbb{B}_2)$, il en résulte:

Proposition 7.1. Le prolongement holonome J_qE est une sous-variété du prolongement semi-holonome $\overline{J}_qE$.

Si l'on considère l'espace J_1J_qE, on a, en désignant par π^q_{q-1} la projection : $J_qE \to J_{q-1}E$, restriction de β: $\overline{J}_qE \to \overline{J}_{q-1}E$, le diagramme commutatif:

$$\begin{array}{ccc} J_1J_qE & \xrightarrow{j^1\pi^q_{q-1}} & J_1J_{q-1}E \\ \beta\downarrow & & \downarrow\beta \\ J_qE & \xrightarrow[\pi^q_{q-1}]{} & J_{q-1}E \end{array}$$

On définit le prolongement sesquiholonome $\check{J}_{q+1}E \subset J_1J_qE$, comme le noyau de la double flèche $(\beta,\ j^1\pi^q_{q-1})$. On a encore:

Proposition 7.2. Le prolongement sesquiholonome $\check{J}_{q+1}E$ est une sous-variété du prolongement semi-holonome $\overline{J}_{q+1}E$ et $J_{q+1}E$ est une sous-variété de $\check{J}_{q\ 1}E$.

En effet $\check{J}_{q+1}E$ est une sous-variété de J_1J_qE contenue dans $\overline{J}_{q+1}E$; avec les notations précédentes, au moyen de cartes locales ψ sur E et ϕ sur V, on définit une bijection de $\mathcal{U}_1 \times \mathcal{U}_2 \times \mathbb{L}(\mathbb{B},\mathbb{B}_2) \times \ldots \times \mathbb{L}^q_s(\mathbb{B};\mathbb{B}_2) \times \mathbb{L}^{q+1}(\mathbb{B};\mathbb{B}_2)$ sur l'image réciproque $\beta^{-1}(\psi(\mathcal{U}_1 \times \mathcal{U}_2))$ dans $\check{J}_{q+1}E$.

Au moyen de cartes locales, on montre également que la projection $\pi_1^2: J_2E \to J_1E$, restriction de $\beta: \bar{J}_2E \to J_1E$ définit une structure de fibré affine modelé sur le fibré vectoriel $\bar{\omega}^{1*}\mathbb{L}^2_{E,s}(\pi^* TV, \nu_V TE)$. Alors la proposition 6.1 montre que $\check{J}_3E \subset \bar{J}_3E$ est un fibré affine, de base J_2E, attaché au fibré vectoriel $\bar{\omega}^{2*}\mathbb{L}_E(\pi^* TV, \mathbb{L}^2_{E,s}(\pi^* TV, \nu_V TE))$; au moyen de cartes locales, on montre que $J_3E \to J_2E$ est un fibré affine associé au fibré vectoriel $\bar{\omega}^{2*}\mathbb{L}^3_{E,s}(\pi^* TV, \nu_V TE)$; par itération, on déduit le résultat suivant, démontré en dimension finie dans Goldschmidt [6b] et Kuranishi [8].

<u>Proposition 7.3.</u> La projection $\pi^q_{q-1}: J_qE \to J_{q-1}E$ définit une structure de fibré affine attaché au fibré vectoriel $\bar{\omega}^{q-1*}\mathbb{L}^q_{E,s}(\pi^* TV, \nu_V TE)$, où $\bar{\omega}^{q-1} = \pi_o^{q-1}$.

Appelons <u>système différentiel d'ordre</u> q <u>sur</u> E (cf. [6b]) <u>une sous-surmersion</u> $(R_q, V, \pi' \bar{\omega}^q)$ de $(J_qE, V, \pi\bar{\omega}^q)$; on définit le <u>prolongement sesquiholonome</u> $\check{R}_{q+1}$ de R_q par $\check{R}_{q+1} = J_1(R_q) \cap \check{J}_{q+1}E$ c'est-à-dire si R_{q-1} est la projection de R_q sur $J_{q-1}E$, on a le diagramme commutatif:

$$\begin{array}{ccc} J_1R_q & \xrightarrow{j^1\pi^q_{q-1}} & J_1R_{q-1} \\ \beta\big\downarrow & & \big\downarrow\beta \\ R_q & \xrightarrow[\pi^q_{q-1}]{} & R_{q-1} \end{array}$$

et $\check{R}_{q+1} \subset J_1R_q$ est le noyau de la double flèche $(\beta, j^1\pi^q_{q-1})$; si la projection $R_q \to R_{q-1}$ définit une structure de fibré affine, de base une sous-variété R_{q-1} de $J_{q-1}E$, il en est de même de la surmersion

$\check{R}_{q+1} \to R_q$. D'après la proposition 5.1 si $R_q \to R_{q-1}$ est un fibré affine attaché au fibré vectoriel η_q, alors $\check{R}_{q+1} \to R_q$ est attaché au fibré vectoriel $\bar{\omega}^{q+1*}\mathbb{L}_E(\pi^* TV, \eta_q)$. En particulier si la projection $\check{R}_q \to R_{q-1}$ est un difféomorphisme, il en est de même de la projection $R_{q+1} \to R_q$.

On définit le <u>prolongement holonome</u> R_{q+1} de R_q par $R_{q+1} = J_1(R_q) \cap J_{q+1}E$; ce n'est pas nécessairement une sous-variété de $J_{q+1}E$. On a naturellement: $R_{q+1} \subset \check{R}_{q+1}$.

Le système différentiel R_q est <u>dit intégrable</u> si pour tout $Y_q \in R_q$, il existe une section locale σ de $E \to V$ définissant une section $j^q\sigma$ de R_q et telle que $j^q_x\sigma = Y_q$ (où x est la source de Y_q); s'il en est ainsi, $j^{q+1}\sigma$ est une section de R_{q+1} (car $j^{q+1}\sigma = j^1 j^q\sigma$) et $j^{q+1}_x\sigma$ se projette sur Y_q; donc l'application $\pi^{q+1}_q: R_{q+1} \to R_q$ est <u>surjective</u>; au moyen de cartes locales, en prenant des sections locales $j^q\sigma$ de R_q, on démontre que R_{q+1} est alors une sous-variété de $J_{q+1}E$.

En particulier si R_q est difféomorphe à R_{q-1}, comme $R_{q+1} \subset \check{R}_{q+1}$ et que $\check{R}_{q+1}$ est alors difféomorphe à R_q, il en résulte que la condition de surjectivité de l'application $\pi^{q+1}_q: R_{q+1} \to R_q$ est équivalente à la suivante: $\check{R}_{q+1}$ et R_{q+1} coïncident (cf. [4e]).

8. CONNEXIONS GÉNÉRALISÉES, THÉORÈME DE FROBENIUS. COURBURE

Nous allons montrer dans ce paragraphe comment les prolongements semi-holonomes et sesquiholonomes s'introduisent naturellement quand on prolonge des sections dans des espaces de jets.

Soit une surmersion (E,V,π) et soit s une section locale: $U \subset J_{q-1}E \to J_qE$; cette application s se prolonge en une application $j^1s\colon J_1J_{q-1}E|U \to J_1J_qE$, où $J_1J_{q-1}E|U$ est l'image réciproque dans $J_1J_{q-1}E$ de U par β. On a le diagramme commutatif:

$$\begin{array}{ccc} J_1J_{q-1}E|U & \xrightarrow{\;j^1s\;} & J_1J_qE \\ \beta\Big\downarrow & & \Big\downarrow\beta \\ U \subset J_{q-1} & \xrightarrow[\;s\;]{} & J_qE \end{array}$$

On en déduit les propriétés suivantes:

<u>Propriété 8.1.</u> Si s a pour image R_q, alors j^1s a pour image J_1R_q.

En effet j^1s transforme le jet $j^1_x\,\sigma$ (où σ est une section de $U \to V$) en le jet $j^1_x(s.\sigma)$; or $s.\sigma$ est une section de $R_q \to V$ (R_q, difféomorphe à U est bien une sous-variété de J_qE).

<u>Propriété 8.2.</u> L'application composée $j^1s.s$ applique $U \subset J_{q-1}E$ dans le prolongement sesquiholonome $\check{J}_{q+1}E$.

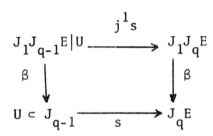

En effet j^1s est une section locale pour la projection $j^1\beta: J_1J_qE \to J_1J_{q-1}E$ et par suite $j^1\beta \,.\, j^1s.s(x) = s(x)$; d'autre part d'après la commutativité du diagramme, on a : $\beta \,.\, j^1s.s(x) = s\beta s(x) = s(x)$.

Donc si l'on se donne une section $s_o: u_o \subset E \to J_1E$, alors $j_1s_o.s_o$ est à valeurs dans $\overline{J}_2E$; si l'on se donne $s_1: U_1 \subset J_1E \to \overline{J}_2E$, le même raisonnement montre que $j^1s_1 s_1$ est à valeurs dans $\overline{J}_3E$; si l'on a $s_{q-1}: U_q \subset \overline{J}_{q-1} \to \overline{J}_qE$, alors $j^1s_{q-1}.s_{q-1}$ est à valeurs dans $\overline{J}_{q+1}E$.

Définition 8.1. On désignera par connexion généralisée semi-holonome (resp. holonome) d'ordre q toute section globale $C_q: \overline{J}_{q-1}E \to \overline{J}_qE$ (resp. $J_{q-1}E \to J_qE$).

Pour $q = 1$, on a un relèvement $C_1: E \to J_1E$ et il n'y a pas de distinction entre holonome et semi-holonome.

Les connexions proprement dites seront astreintes à des conditions supplémentaires.

En raison des structures de fibrés affines de $\overline{J}_qE \to \overline{J}_{q-1}E$ et $J_qE \to J_{q-1}E$, pour qu'il existe des connexions généralisées il suffit que V admette des partitions différentiables de l'unité, ce que nous supposerons dans la suite du paragraphe.

La donnée de C_q est équivalente à la donnée d'une sous-variété $\overline{R}_q$ (resp. R_q) de $\overline{J}_qE$ (resp. J_qE) difféomorphe à $\overline{J}_{q-1}E$ (resp. $J_{q-1}E$), cette sous-variété étant l'image de C_q. D'après une remarque antérieure le prolongement semi-holonome $\overline{R}_{q+1}$ de $\overline{R}_q$ (resp. le prolongement sesquiholonome $\check{R}_{q+1}$ de R_q) est alors difféomorphe à $\overline{R}_q$ (resp. R_q). Des propriétés 8.1 et 8.2, on déduit

<u>Proposition 8.1.</u> Si l'on se donne une connexion généralisée $C_q : \overline{J}_{q-1}E \to \overline{J}_qE$ (resp. $J_{q-1}E \to J_qE$), alors la restriction à $\overline{R}_q = C_q(\overline{J}_{q-1}E)$ (resp. $R_q = C_q(J_{q-1}E)$) de l'application j^1C_q a pour image le prolongement semi-holonome $\overline{R}_{q+1} = J_1R_q \cap \overline{J}_{q+1}E$ (resp. le prolongement sesquiholonome $\check{R}_{q+1} = J_1R_q \cap \check{J}_{q+1}E$).

<u>Définition 8.2.</u> <u>Une connexion généralisée holonome</u> $C_q : J_{q-1}E \to J_qE$ <u>sera dite intégrable si le système différentiel</u> $R_q = C_q(J_{q-1}E)$ <u>est intégrable.</u>

<u>Théorème de Frobenius</u> (cf. [4c] et [13])

<u>Pour que la connexion généralisée</u> $C_q : J_{q-1}E \to J_qE$ <u>soit intégrable, il faut et il suffit que le prolongement sesquiholonome</u> $\check{R}_{q+1}$ <u>de</u> $R_q = C_q(J_{q-1}E)$ <u>coincide avec son prolongement holonome</u> R_{q+1}.

La condition est nécessaire: cela résulte de l'étude de la fin du paragraphe 7; montrons que la condition est suffisante: en utilisant les cartes locales ϕ et ψ définies dans le paragraphe 5, on se ramène au cas où $E = \mathcal{U}_1 \times \mathcal{U}_2$ (où $\mathcal{U}_1$ et $\mathcal{U}_2$ sont des ouverts d'espaces de Banach B_1 et B_2), $V = \mathcal{U}$ (ouvert d'un espace de Banach $\mathbb{B}$ isomorphe à $\mathbb{B}_1$) et où la surmersion π est le composé de la proj. $p_1 : \mathcal{U}_1 \times \mathcal{U}_2 \to \mathcal{U}_1$ et d'un isomorphisme de $\mathcal{U}_1$ sur $\mathcal{U}$. On a alors:

$J_{q-1}E = \mathcal{U}_1 \times \mathcal{U}_2 \times \mathbf{L}(\mathbb{B},\mathbb{B}_2) \times \ldots \times \mathbf{L}_s^{q-1}(\mathbb{B},\mathbb{B}_2)$ et C_q est une application de $J_{q-1}E$ dans $J_{q-1}E \times \mathbb{L}^q_s(\mathbb{B},\mathbb{B}_2)$ définie par $(id\, J_{q-1}E, \phi)$ où $\phi: J_{q-1}E \to \mathbb{L}^q_s(\mathbb{B},\mathbb{B}_2)$. Pour $z \in J_{q-1}E$, on a: $j^1_z C_q = (z, C_q(z), D_z\phi)$; si l'on pose $z = x_1 \times x_2 \times y_1 \times \ldots \times y_{q-1}$, l'application $j^1C_q.C_q$: $J_{q-1}E \to J_{q-1}E \times \mathbb{L}^q_s(\mathbb{B},\mathbb{B}_2) \times \mathbb{L}(\mathbb{B}, \mathbb{L}^q_s(\mathbb{B},\mathbb{B}_2))$ est définie par $(id\, J_{q-1}E, \phi, D_1\phi + D_2\phi \,.\, y^1 + D_3\phi.y^2 + \ldots + D_q\phi.y^{q-1} + D_{q+1}\phi.\phi)$; d'après le paragraphe 1, si $j^1C_q.C_q$ est à valeurs dans $J_{q-1}E \times \mathbb{L}^q_s(\mathbb{B},\mathbb{B}_2) \times \mathbb{L}^{q+1}_s(\mathbb{B},\mathbb{B}_2)$, le système est intégrable.

Nous allons définir la courbure d'une connexion holonome de façon que la nullité de la courbure soit équivalente à l'intégrabilité de la connexion. Notre définition est inspirée de [4d].

Soit $z \in J_{q-1}E$; alors $u = j^1C_q.C_q(z) \in \check{J}_{q+1}E$; si l'on prend $v \in J_{q+1}E$, se projetant sur J_qE suivant $C_q(z)$, comme $\check{J}_{q+1}E \to J_qE$ est un fibré affine attaché au fibré vectoriel $\bar{\omega}^{q*}\mathbb{L}_E(\pi^* TV, \mathbb{L}^q_{E,s}(\pi^* TV, \upsilon_V TE))$ (où $\bar{\omega}^q: J_qE \to E$), on a: $u - v \in \bar{\omega}^{q*}\mathbb{L}_E(\pi^* TV, \mathbb{L}^q_{E,s}(\pi^* TV, \upsilon_V TE))$. Dans le paragraphe 1, on a défini pour tout couple (F,F') de fibrés vectoriels (de base une variété M) l'application $A: \mathbb{L}^{q+1}_M(F, F') \to \mathbb{L}^{q+1}_{M,a}(F,F')$ dont le noyau est $\mathbb{L}^{q+1}_{M,s}(F, F')$ cette application envoyant $\mathbb{L}_M(F, \mathbb{L}^q_{M,s}(F, F'))$ dans $\mathbb{L}^2_{M,a}(F; \mathbb{L}^{q-1}_{M,s}(F, F'))$; dans le cas considéré ici, si $v' \in J_{q+1}E$ et se projette sur J_qE suivant $C_q(z)$, on a: $A(v - v') = 0$; donc $A(u - v)$ est indépendant du choix de v dans $J_{q+1}E$. D'autre part $A(u - v) = 0$ est équivalent à $u \in J_{q+1}E$. D'où

<u>Proposition - Définition 8.3.</u> Pour toute connexion holonome

$C_q: J_{q-1}E \to J_qE$, il existe une section (appelée courbure de la connexion):

$$\rho_q: J_{q-1}E \to (\bar{\omega}^q C_q)^* \mathbb{L}^2_{E,a}(\pi^* TV; \mathbb{L}^{q-1}_{E,s}(\pi^* TV, \upsilon_V TE))$$

telle que l'intégrabilité de la connexion soit équivalente à la nullité de la courbure (où $\bar{\omega}^q$ est la projection $J_qE \to E$).

Pour $q = 1$, comme $\omega^1 C_1 = id_E$, la courbure ρ_1 est une section: $E \to L^2_{E,a}(\pi^* TV, \upsilon_V TE)$.

Si la surmersion $\pi: E \to V$ est une fibration vectorielle, on définit une connexion du 1er ordre comme une scission de la suite exacte

$$0 \to \mathbb{L}_V(TV, E) \to J_1E \to E \to 0 \quad ;$$

c'est donc une connexion généralisée, avec la condition supplémentaire: C_1 est un morphisme de fibrés vectoriels de base V. Comme on a la suite exacte

$$0 \to \mathbb{L}^2_V(TV; E) \to \bar{J}_2E \to J_1E \to 0$$

la courbure est un morphisme de fibrés vectoriels de base V:

$$\rho: \ E \to \mathbb{L}^2_{V,a}(TV, E) \ ;$$

on peut donc l'identifier à une section de

$$V \to \mathbb{L}^2_{V,a}(TV; \ \mathbb{L}(E, E))$$

et l'on retrouve la notion usuelle de courbure.

Les connexions holonomes et semi-holonomes d'ordre q sur un fibré vectoriel $E \to V$ ont été définies dans [12a],[12b], [12c].

Une connexion semi-holonome (resp. holonome) d'ordre q sur E est une connexion généralisée telle que le relèvement C_q soit un morphisme de fibrés vectoriels de base V.

Considérons à nouveau une surmersion quelconque $\pi: E \to V$. D'après le paragraphe 5, la donnée d'une connexion généralisée $C_1: E \to J_1 E$ est équivalente à la donnée d'un champ différentiable d'éléments de contact transversaux aux fibres; l'intégrabilité de la connexion est équivalente à la complète intégrabilité du champ et l'on retrouve le théorème de Frobenius, sous sa forme classique. La connexion généralisée associe à tout champ de vecteurs X tangent à V un champ de vecteurs horizontal $C_1(X)$. Pour tout couple (X,Y) de champs de vecteurs sur V, la valeur en $y \in E$ du champ $\Gamma = [C_1(X), C_1(Y)] - C_1[X,Y]$ est définie par $\rho_1(y).(X_x,Y_x)$ où X_x est la valeur en $x = \pi(y)$ du champ X. Ces résultats ont été démontrés par M. Lazard [10] dans le cas où E est un produit de variétés.

Pour q quelconque, comme $J_q E \subset J_1 J_{q-1} E$, la donnée d'une connexion généralisée holonome $C_q: J_{q-1} E \to J_q E$ est équivalente à la donnée d'un champ $\mathscr{C}_q$ d'éléments de contact transversal aux fibres de la surmersion $\pi \bar{\omega}^{q-1}: J_{q-1} E \to V$, vérifiant la condition supplémentaire suivante: pour tout $z \in J_{q-1} E$, il existe une section locale $\sigma: \nu \subset V \to E$ telle que la sous-variété $W = j^{q-1} \sigma(\nu)$ contienne z et que l'espace tangent $T_z W$ appartienne au champ $\mathscr{C}_q$. La connexion est intégrable si et seulement si l'on peut trouver σ de façon que pour tout $z' \in W$, l'espace $T_{z'} W$

appartient au champ $\mathcal{E}_q$.

Remarquons que l'on peut étendre le théorème de Frobenius au cas où l'on se donne un système différentiel R_q tel que R_q soit difféomorphe à sa projection R_{q-1} sur $J_{q-1}E$, ce qui est équivalent à la donnée d'une section $C_q: R_{q-1} \to J_qE$; la condition nécessaire d'intégrabilité: R_{q+1} identique à $\check{R}_{q+1}$ est aussi suffisante.

9. SUR CERTAINS PLONGEMENTS HOLONOMES ET SEMI-HOLONOMES DE VARIÉTÉS

Pour toute variété V et tout espace de Banach $\mathbb{E}$, nous avons défini dans §4, l'espace $T^q_{\mathbb{E}}V$ des q-jets holonomes de $\mathbb{E}$ dans V, de source 0; si $f: V \to W$ nous désignerons par $T^q_{\mathbb{E}}f$ l'application $T^q_{\mathbb{E}}V \to T^q_{\mathbb{E}}W$ définie par $X^q \to j^q_x f . X^q$ où $x = \alpha(X^q)$.

On définit également l'espace $\overline{T}^q_{\mathbb{E}}V$ par récurrence; à partir du diagramme commutatif:

$$\begin{array}{ccc} T_{\mathbb{E}}T_{\mathbb{E}}V & \xrightarrow{T_{\mathbb{E}}\beta} & T_{\mathbb{E}}V \\ \beta \downarrow & & \mid \beta \\ T_{\mathbb{E}}V & \xrightarrow[\beta]{} & V \end{array}$$

on définit $\overline{T}^2_{\mathbb{E}}V \subset T_{\mathbb{E}}T_{\mathbb{E}}V$ comme le noyau de la double flèche $(\beta, T_{\mathbb{E}}\beta)$; le prolongement semi-holonome $\overline{T}^q_{\mathbb{E}}V$ est, dans $T_{\mathbb{E}}\overline{T}^{q-1}_{\mathbb{E}}V$, le noyau de la double flèche $(\beta, T_{\mathbb{E}}\beta)$. Comme pour les jets de sections, on montre que $T^q_{\mathbb{E}}V$ est une sous-variété de $\overline{T}^q_{\mathbb{E}}V$.

Soient V et V' deux variétés; toute loi de composition différentiable $\phi: V \times V' \to V$ se prolonge en une loi de composition différentiable $\phi^q: J^q_x(W,V) \times J^q_x(W,V) \to J^q_x(W,V)$ où $J^q_x(W,V)$ est l'espace des q-jets de W dans V, de source x. Soient $X = j^q_x f$ et $X' = j^q_x f'$; on définit

$$\phi^q(X,X') = j^q_x \phi(f,f')$$

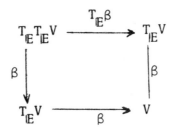

où $\phi(f,f')$ est l'application (dont la source est l'intersection des sources de f et f') définie par $x' \to \phi(f(x'), f'(x'))$. On peut également prolonger une loi de composition partielle.

On peut en déduire que si G est un groupe de Lie, pour tout espace de Banach $\mathbb{E}$, l'espace $T^q_{\mathbb{E}}G$ est muni d'une structure de groupe de Lie (cf.[4b]).

<u>Proposition 9.1</u>. La variété $T^q_{\mathbb{E}}G$ est difféomorphe au produit $T^q_{\mathbb{B},e}G \times G$ (où $T^q_{\mathbb{B},e}G$ est le sous-ensemble de $T^q_{\mathbb{E}}G$ formé des jets de but e, unité de G); l'espace $T^q_{\mathbb{B},e}G$ peut être muni d'une structure de groupe et $T^q_{\mathbb{E}}G$ est isomorphe au produit semi-direct $T^q_{\mathbb{B},e}G \times G$.

Remarquons d'abord que l'unité de $T^q_{\mathbb{E}}G$ (désignée encore par e) est le jet d'ordre q de source 0 de l'application constante $\mathbb{E} \to e$; le groupe G s'identifie au sous-groupe de $T^q_{\mathbb{E}}G$ formé des jets $j^q_o f_a$ où f_a est l'application constante $\mathbb{E} \to a \in G$. D'autre part l'application β: $T^q_{\mathbb{E}}G \to G$ est un morphisme de groupes dont le noyau s'identifie à $T^q_{G,e}G$, qui ainsi muni d'une structure de groupe devient un sous-groupe invariant de $T^q_{\mathbb{E}}G$; on a donc un produit semi-direct algébrique.

La translation γ_a: $G \to G$ définie par: $b \to ab$ se prolonge en une translation $T^q_{\mathbb{E}}\gamma_a$; on en déduit une application différentiable τ_q: $T^q_{\mathbb{E}}G \to T^q_{\mathbb{E},e}G$ définie par: $X_q \to T^q_{\mathbb{E}}\, \gamma^{-1}_{\beta(X_q)} . X_q$. Réciproquement la donnée du couple (X_q,a) définit un élément $T^q_{\mathbb{E}}\, \gamma_a(X_q)$ et l'application $T^q_{\mathbb{E},e}G \times G \to T^q_{\mathbb{E}}G$ est différentiable. Donc (τ_q,β): $T^q_{\mathbb{E}}G \to (T^q_{\mathbb{E},e}G \times G)$ est un difféomorphisme.

Pour $q = 1$, $T_{\mathbb{E},e}G$ s'identifie à $\mathbb{L}(\mathbb{E},\underline{g})$ où $\underline{g} = T_eG$ est l'algèbre de Lie de G; ce groupe G opère linéairement sur $T_{\mathbb{E},e}G$ au moyen des applications $T_{\mathbb{E}}\delta_a$, où δ_a est l'automorphisme intérieur $b \to aba^{-1}$. Le composé de $(a',y')(a,y)$ où $a, a' \in G$ et $y, y' \in T_{\mathbb{E},e}G$ est $(a'a, a'y + y')$; il en résulte une structure de groupe abélien dans $T_{\mathbb{E},e}G$ (identifié au groupe des éléments (e,y)). Pour $\mathbb{E} = \mathbb{R}$, TG est difféomorphe à $\underline{g} \times G$ et l'on retrouve un résultat connu.

Remarques. 1) Pour tout groupe de Lie G, sauf mention contraire, nous n'utiliserons pas la structure d'algèbre de Lie de $\underline{g} = T_eG$ et nous conserverons pour cet espace vectoriel la structure d'espace de Banach héritée de sa structure d'espace tangent à une variété.

2) En identifiant $T^q_{\mathbb{E},e}G$ à un sous-espace de $T_{\mathbb{E},e}\, T^{q-1}_{\mathbb{E}}G$, on peut montrer par récurrence que $T^q_{\mathbb{E},e}G$ est difféomorphe à

$$\mathbb{L}(\mathbb{E},\underline{g}) \oplus \mathbb{L}^2_s(\mathbb{E},\underline{g}) \oplus \ldots \oplus \mathbb{L}^q_s(\mathbb{E},\underline{g}) \;.$$

Comme $T_{\mathbb{E}}G$ est un groupe de Lie, il en est de même de $T_{\mathbb{E}}T_{\mathbb{E}}G$; les applications β et $T_{\mathbb{E}} : T_{\mathbb{E}}T_{\mathbb{E}}G \to T_{\mathbb{E}}G$ étant des morphismes de groupes, le noyau $\overline{T}^2_{\mathbb{E}}G$ de la double flèche est sous-groupe de $T_{\mathbb{E}}T_{\mathbb{E}}G$; comme c'est également une sous-variété, le groupe $\overline{T}^2_{\mathbb{E}}G$ est un "sous-groupe variété" de $T_{\mathbb{E}}T_{\mathbb{E}}G$ au sens de M. LAZARD [10]; c'est donc un groupe de Lie. De même $\overline{T}^q_{\mathbb{E}}G$ est un groupe de Lie et l'on démontre que $\overline{T}^q_{\mathbb{E}}G$ est difféomorphe au produit semi-direct $\overline{T}^q_{\mathbb{B},e}G \times G$.

Le groupe $T^q_{\mathbb{E}}G$ est un "sous-groupe-variété" de $\overline{T}^q_{\mathbb{E}}G$. On définirait de même le prolongement sesquiholonome $\check{T}^{q+1}_{\mathbb{E}}G$.

Soit V une variété modelée sur un Banach $\mathbb{B}$; le foncteur $T^q_{\mathbb{B}}$ associe à toute surmersion (E,V,π) la surmersion $(T^q_{\mathbb{B}}E, T^q_{\mathbb{B}}V, T^q_{\mathbb{B}}\pi)$; dans §4, nous avons défini l'espace $H^q(V)$ des repères d'ordre q (ensemble des q-jets inversibles de $T^q_{\mathbb{B}}V$). <u>Nous désignerons par</u> $\mathcal{C}^q_{\mathbb{B}}E$ <u>l'image réciproque de</u> $H^q(V)$ <u>par</u> $T^q_{\mathbb{B}}\pi$; $\mathcal{C}^q_{\mathbb{B}}E$ est une sous-variété de $T^q_{\mathbb{B}}E$ et l'on a les surmersions:

$$\begin{array}{ccc} \mathcal{C}^q_{\mathbb{B}}E & \xrightarrow{T^q_{\mathbb{B}}\pi} & H^q(V) \\ \beta \downarrow & & \\ E & & \end{array}$$

La condition imposée pour définir $\mathcal{C}^q_{\mathbb{B}}E$ est équivalente à la suivante: tout $X_q \in \mathcal{C}^q_{\mathbb{B}}E$ se projette suivant un jet $X_1 \in \mathcal{C}_{\mathbb{B}}E$ (de but $z \in E$), s'identifiant à une application linéaire de $\mathbb{B}$ dans l'espace tangent T_zE dont l'image est un élément de contact transversal aux fibres de la surmersion.

<u>Proposition 9.2.</u> <u>La variété</u> $\mathcal{C}^q_{\mathbb{B}}E$ <u>est difféomorphe au produit fibré</u> $J_qE \times_V H^q(V)$.

En effet on a une projection $T^q_{\mathbb{B}}\pi$: $\mathcal{C}^q_{\mathbb{B}}E \to H^q(V)$; d'autre part pour tout $X_q \in \mathcal{C}^q_{B}E$, le jet composé $X_q.(T^q_{\mathbb{B}}\pi(X_q))^{-1}$ appartient à J_qE. Réciproquement la donnée de (Y_q,h_q) où $Y_q \in J_qE$, $h_q \in H^q(V)$ définit $\bar{X}_q = Y_q.h_q$; la composition des jets étant différentiable, on vérifie que la bijection ainsi définie est un difféomorphisme.

On définirait de même par récurrence $\overline{\mathcal{C}}^q_{\mathbb{B}}E$.

10. PROLONGEMENTS DES FIBRÉS PRINCIPAUX ET DES GROUPOÏDES DIFFÉRENTIABLES

Nous avons défini pour toute surmersion (E,V,π) les foncteurs $\bar{J}_q$, $\bar{J}_q$, $\mathfrak{C}^q_B$, $\bar{\mathfrak{C}}^q_B$. Alors que les foncteurs J_q et $\bar{J}_q$ transforment un fibré vectoriel en un fibré vectoriel, il n'en est plus de même pour les fibrés principaux: D. LEHMANN [11a] a montré que si (P,V,π) est une fibration principale, alors $(J_qP,\ V,\pi\beta)$ est une fibration presque principale. Nous montrerons dans ce paragraphe que $\mathfrak{C}^q_{\mathbb{B}}P \to V$ et $\bar{\mathfrak{C}}^q_{\mathbb{B}}P \to V$ sont des fibrations principales; d'ailleurs les foncteurs $\mathfrak{C}^q_{\mathbb{B}}$ et $\bar{\mathfrak{C}}^q_{\mathbb{B}}$ ont été introduits dans ce but [12d].

Soit (P,V,π) une fibration principale et soit $\Phi = PP^{-1}$ le groupoïde différentiable associé (cf. §3); nous avons montré qu'il y avait une correspondance bijective entre sections locales inversibles de Φ et automorphismes locaux de la structure de fibré principal de P ; l'ensemble Θ de ces sections locales pouvant être muni d'une structure de pseudogroupe correspondant au pseudogroupe Γ des automorphismes locaux de P, l'ensemble Φ^q des q-jets des sections locales inversibles de Φ constitue un groupoïde de base V, prolongement holonome d'ordre q de Φ au sens de C. EHRESMANN. De même $J^q(\Gamma)$, ensemble des q-jets des applications $f \in \Gamma$ est un groupoïde de base P.

A tout jet $j^q_x s \in \Phi^q$ correspond la famille des jets $j^q_z f \in J^q(\Gamma)$ (f correspond à la section s et z parcourant la fibre P_x); il en résulte le diagramme commutatif suivant (cf. §3):

(10.1)
$$\begin{array}{ccc} J^q(\Gamma) & \longrightarrow & \Phi^q \\ \alpha\big\downarrow & & \big\downarrow\alpha \\ P & \xrightarrow{\ \pi\ } & V \end{array}$$

et $J^q\Gamma$ est le fibré image réciproque $\pi^*\,\Phi^q$.

<u>Proposition 10.1.</u> Si P est un G-fibré principal, alors la surmersion $(\mathfrak{C}^q_{\mathbb{B}}P,\ V,\ \pi\beta)$ est une fibration principale dont le groupoïde associé est Φ^q; le groupe structural est isomorphe au produit semi-direct $T^q_{\mathbb{B}}(G) \times \mathbb{L}^q_{\mathbb{B}}$.

Pour démontrer la première partie de cette proposition, il suffit de démontrer d'après §3, que le groupoïde Φ^q opère transitivement et librement sur $\mathfrak{C}^q_{\mathbb{B}}P$.

Soit $X^q = j^q_0\sigma \in \mathfrak{C}^q_{\mathbb{B}}P$; en restreignant au besoin la source ν de σ, on peut supposer que $\phi = \pi\sigma$ est une carte locale, de but $U \subset V$ et qu'il existe une section inversible $s: y \to \theta_y$ de Φ, de source U; si l'on considère l'application $\sigma': \nu \to P$ définie par $u \to \theta_{\phi(u)}\,\sigma(u)$, le jet $X'^q = j^q_0\sigma' \in \mathfrak{C}^q_{\mathbb{B}}P$ et l'on peut écrire $X'^q = j^q_{\phi(o)}s \,.\, X^q$. Réciproquement si l'on se donne $X^q = j^q_o\sigma$, $X'^q = j^q_o\sigma'$, σ et σ' définissant des cartes locales ϕ et ϕ' de V, on définit une section inversible s dont la source est la source de $\phi'\phi^{-1}$ par : $y \to (\sigma'(u))^{-1}(\sigma(u))$ où $u = \phi^{-1}(y)$; le jet $j^q_x s$ (où $x = \phi(o)$) ne dépend que de X^q et de X'^q; pour tout autre jet $j^q_x s'$, on a: $j^q_x s'.X^q \neq X^q$.

Pour déterminer le groupe structural, il suffit de se placer dans le cas où $P = \mathbb{B} \times G$. Alors $\mathcal{C}^q_{\mathbb{B}}P = H^q(\mathbb{B}) \times T^q_{\mathbb{B}}G = \mathbb{B} \times L^q_{\mathbb{B}} \times T^q_{\mathbb{B}}G$.

<u>Corollaire.</u> La variété $\overline{\mathcal{C}}^q_{\mathbb{B}}P$ est un fibré principal de base V.

En effet $\mathcal{C}_{\mathbb{B}}P$ étant un fibré principal de base V, il en est de même de $\mathcal{C}_{\mathbb{B}}\mathcal{C}_{\mathbb{B}}P$ et $\overline{\mathcal{C}}^2_{\mathbb{B}}P$ image réciproque de la diagonale $\Delta_{\mathcal{C}_{\mathbb{B}}P}$ par l'application $\beta \times \beta: \mathcal{C}_{\mathbb{B}}\mathcal{C}_{\mathbb{B}}P \to \mathcal{C}_{\mathbb{B}}P \times {}_V\mathcal{C}_{\mathbb{B}}P$ est un sous-fibré principal de $\mathcal{C}_{\mathbb{B}}\mathcal{C}_{\mathbb{B}}P$ (cette diagonale étant un sous-fibré principal de $\mathcal{C}_{\mathbb{B}}P \times {}_V\mathcal{C}_{\mathbb{B}}P$). On démontre la proposition par récurrence.

Pour tout groupoïde différentiable Φ, de base V, on définit par récurrence le prolongement semi-holonome $\overline{\Phi}^q$ (au sens de C. EHRESMANN); ce prolongement $\overline{\Phi}^q \subset \overline{J}_q\Phi$ est obtenu en se limitant aux sections inversibles de groupoïdes, et l'on a: $\Phi^q \subset \overline{\Phi}^q$. Si Φ est le groupoïde associé à P, alors le groupoïde associé à $\overline{\mathcal{C}}^q_{\mathbb{B}}P$ est $\overline{\Phi}^q$.

La surmersion $T_{\mathbb{B}}\pi: \mathcal{C}_{\mathbb{B}}P \to H(V)$ se prolonge en une surmersion $T_{\mathbb{B}}T_{\mathbb{B}}\pi: \mathcal{C}_{\mathbb{B}}\mathcal{C}_{\mathbb{B}}P \to \mathcal{C}_{\mathbb{B}}H(V)$ et l'image $\overline{H}^2(V)$ de $\overline{\mathcal{C}}^2_{\mathbb{B}}P$ est la sous-variété de $\mathcal{C}_{\mathbb{B}}H(V)$ noyau de la double flèche

$$\begin{array}{ccc} \mathcal{C}_{\mathbb{B}}H(V) & \xrightarrow{T_{\mathbb{B}}p} & H(V) \\ \beta \downarrow & & \\ H(V) & & \end{array}$$

où p est la projection $H(V) \to V$. Cette sous-variété $\overline{H}^2(V)$ est donc un fibré principal de base V, appelé espace des <u>repères semi-holonomes d'ordre 2</u> de V. Par récurrence on définit $\overline{H}^q(V)$ <u>espace des repères</u>

semi-holonomes d'ordre q: c'est un espace fibré principal de base V, dont le groupe structural sera désigné par $\overline{\mathbb{L}}^q_{\mathbb{B}}$. On a $H^q(V) \subset \overline{H}^q(V)$ et $\mathbb{L}^q_{\mathbb{B}} \subset \overline{\mathbb{L}}^q_{\mathbb{B}}$.

Remarques:

1) On peut définir par récurrence le composé de deux jets semi-holonomes ou d'un jet semi-holonome et d'un jet holonome; on définit ainsi $\overline{T}^q_{\mathbb{B}}f$ pour toute application différentiable f; par exemple la surmersion $\overline{\mathfrak{C}}^q_{\mathbb{B}}P \to \overline{H}^q(V)$ peut être désignée par $\overline{T}^q_{\mathbb{B}}\pi$.

Le fibré principal $\overline{H}^q(V)$ peut alors se définir comme l'ensemble des q-jets semi-holonomes inversibles de $\mathbb{B}$ dans V, de source 0 (un-q-jet est inversible si le jet d'ordre 1 qu'il détermine est inversible) et $\overline{\mathbb{L}}^q_{\mathbb{B}}$ est le groupe des q-jets inversibles de $\mathbb{B}$ dans $\mathbb{B}$, de source et but 0. Le groupoïde $\overline{\pi}^q(V)$, associé à $\overline{H}^q(V)$ est le prolongement semi-holonome d'ordre q-1 de $\pi^1(V)$, espace des jets inversibles d'ordre 1 de V dans V.

2) On peut encore définir $\overline{H}^q(V)$ et $\overline{\pi}^q(V)$ de la manière suivante: la surmersion (V, V, id V) peut être considérée comme une fibration principale dont le groupoïde associé est $\pi^o(V) = V \times V$. Alors $\pi^q(V)$ (resp. $\overline{\pi}^q(V)$) est le prolongement holonome (resp. semi-holonome) d'ordre q de $\pi^o(V)$. On a:

$$H^q(V) = \mathfrak{C}^q_{\mathbb{B}}(V),\ \overline{H}^q(V) = \overline{\mathfrak{C}}^q_{\mathbb{B}}(V) .$$

3) Par récurrence on démontre que le groupe structural de la fibration

principale $\overline{\mathfrak{C}}^q_{\mathbb{B}}P \to V$, est $\overline{T}^q_{\mathbb{B}}(G) \times \overline{\mathbb{L}}^q_B$.

On étend aux prolongements semi-holonomes la proposition 9.2 ; on a:

<u>Proposition 10.2</u>. Pour toute surmersion (E,V,π) (où la variété V est modelée sur $\mathbb{B}$), il existe un difféomorphisme canonique $\Theta_q = (\lambda_q, \overline{T}^q_{\mathbb{B}}\pi)$: $\overline{\mathfrak{C}}^q_{\mathbb{B}}E \to \overline{J}_qE \times {}_V\overline{H}^q(V)$; ce difféomorphisme jouit des propriétés suivantes:

1) pour $k < q$, on a le diagramme commutatif:

$$\begin{array}{ccc} \overline{\mathfrak{C}}^q_{\mathbb{B}}E & \xrightarrow{\ \Theta_q\ } & \overline{J}_qE \times {}_V\overline{H}^q(V) \\ \downarrow & & \downarrow \\ \overline{\mathfrak{C}}^k_{B}E & \xrightarrow{\ \Theta_k\ } & \overline{J}_kE \times {}_V\overline{H}^k(V) \end{array}$$

2) la surmersion λ_q: $\overline{\mathfrak{C}}^q_{\mathbb{B}}E \to \overline{J}_qE$ transforme $z_q \in \overline{\mathfrak{C}}^q_{\mathbb{B}}E$ en le jet composé (du premier ordre) $j^1_{z_{q-1}} \lambda_{q-1}.z_q.h^{-1}$, (où z_{q-1} est la projection de z_q sur $\overline{\mathfrak{C}}^{q-1}_{\mathbb{B}}E$, h la projection de $T^q_{\mathbb{B}}\pi(z_q)$ sur $H(V)$)

3) l'image par Θ_q de $\mathfrak{C}^q_BE$ est $J_qE \times {}_VH^q(V)$.

<u>Démonstration</u>. Pour $q=1$, la proposition 10.2 est identique à la proposition 9.2. On raisonne par récurrence; supposons démontrée l'existence du difféomorphisme Θ_{q-1}; soit alors σ_q: $\mathcal{U} \to \overline{\mathfrak{C}}^{q-1}_{\mathbb{B}}E$ (où $\mathcal{U}$ est un voisinage de 0 dans $\mathbb{B}$) tel que $j^1_o\sigma_q = z_q \in \overline{\mathfrak{C}}^q_{\mathbb{B}}E$, c'est-à-dire tel que $z_{q-1} = \sigma_q(o) = j^1_o\sigma_{q-1}$ où σ_{q-1} est le composé de σ_q et de la projection β: $\overline{\mathfrak{C}}^{q-1}_{\mathbb{B}}E \to \overline{\mathfrak{C}}^{q-2}_{\mathbb{B}}E$; on peut supposer que le composé s_o de σ_q et de la

surmersion $\overline{\mathcal{C}}^{q-1}_{\mathbb{B}}E \to V$ est une carte locale; alors l'application $s_q = \lambda_{q-1} \circ \sigma_q \circ \sigma_o^{-1}$ est une section locale de $\overline{J}_{q-1}E$ au-dessus de $\sigma_o(\mathcal{U})$; la section s_q se projette suivant une section locale $s_{q-1} = \lambda_{q-2} \circ \sigma_{q-1} \circ s_o^{-1}$ de $\overline{J}_{q-2}E$. Si l'on pose $h = j_o^1\sigma_o$ et $x = \sigma_o(0)$, on a: $j_x^1 s_{q-1} = j^1_{z_{q-2}} \lambda_{q-2} \circ j_o^1 \sigma_{q-1} \circ h^{-1} = j^1_{z_{q-2}} \circ \sigma_q(o) \circ h^{-1} = \lambda_{q-1}(z_{q-1})$, d'après les hypothèses de récurrence. D'autre part

$s_q(x) = \lambda_{q-1} \circ \sigma_q \circ \sigma_o^{-1}(x) = \lambda_{q-1}(z_{q-1})$. Donc

$j_x^1 s_q = j^1_{z_{q-1}} \lambda_{q-1} \circ z_q \circ h^{-1}$ appartient à $\overline{J}_qE$.

Inversement si l'on se donne $\mu_q : \mathcal{U} \to \overline{H}^{q-1}$ (se projetant suivant la carte locale $\sigma_o : \mathcal{U} \to V$ et tel que $j_o^1 \mu_q \in \overline{H}^q$) et la section $s_q : \sigma_o(\mathcal{U}) \to \overline{J}_{q-1}E$ (telle que $j_x^1 s_q \in \overline{J}_qE$), alors l'application $\sigma_q = \Theta^{-1}_{q-1}(s_q\ \sigma_o \times \mu_q)$ envoie $\mathcal{U}$ dans $\overline{\mathcal{C}}^{q-1}_{\mathbb{B}}E$ et $j_o^1 s_q \in \overline{\mathcal{C}}^q P$; la composition des jets étant différentiable, on vérifie que la bijection Θ_q est un difféomorphisme.

On vérifie la dernière partie de l'énoncé en prenant une section $s_q = j^1 s_1$.

<u>Remarque.</u> Pour la surmersion (V, V, id V), $\Theta_q = \mathrm{id}_{\overline{H}^q(V)}$.

<u>Proposition 10.3.</u> Il existe un difféomorphisme canonique $\psi_q : \overline{H}^{q+1}(V) \to \overline{J}_q H(V)$.

La démonstration de ce résultat a été donnée en dimension

finie dans [12d]; elle utilise le même type de raisonnement que la démonstration de la proposition 10.2 en partant d'une application $\sigma_1 : U \to H(V)$ telle que $\sigma_1(o) = j_o^1 \sigma_o$. Le difféomorphisme ψ_q est défini par: $\psi_q(h_{q+1}) = j^1_{h_q} \psi_{q-1} \cdot h_{q+1} \cdot h^{-1}$.

Remarquons que $J_1 H$ est difféomorphe à $\overline{H}^2$.

Corollaire. Il existe un difféomorphisme $\Lambda_q : \overline{\mathbb{L}}_{\mathbb{B}}^{q+1} \to \overline{T}^q_{\mathbb{B}}(\mathbb{L}_{\mathbb{B}})$. En effet $\overline{H}^{q+1}(\mathbb{B}) \simeq \mathbb{B} \times \overline{\mathbb{L}}_{\mathbb{B}}^{q+1}$ et l'on a:

$$\overline{J}_q H(\mathbb{B}) \simeq \mathbb{B} \times \overline{T}^q_{\mathbb{B}}(\mathbb{L}_{\mathbb{B}})$$

Il est à remarquer qu'en raison de l'expression de ψ_q, ce difféomorphisme n'est pas un isomorphisme de groupes, sauf pour $q = 1$.

Le groupe $\mathbb{L}_{\mathbb{B}}$ s'identifie au sous-groupe de $\overline{\mathbb{L}}_{\mathbb{B}}^{q+1}$ formé des $(q+1)$-jets des applications linéaires de $\mathbb{B}$ dans $\mathbb{B}$. Donc $\overline{\mathbb{L}}_{\mathbb{B}}^{q+1}$ est le produit semi-direct $\mathbb{L}_{\mathbb{B}} \times \overline{N}_{\mathbb{B}}^{q+1}$ où $\overline{N}_{\mathbb{B}}^{q+1}$ est le noyau du morphisme de groupes : $\overline{\mathbb{L}}_{\mathbb{B}}^{q+1} \to \mathbb{L}_{\mathbb{B}}$; par suite $\overline{N}_{\mathbb{B}}^{q+1}$ qui s'identifie à l'espace quotient $\overline{\mathbb{L}}^{q+1}/\mathbb{L}_{\mathbb{B}}$ est difféomorphe à $\overline{T}^q_{\mathbb{B},e}(\mathbb{L}_{\mathbb{B}})$.

Pour $q = 1$, $\overline{\mathbb{L}}_{\mathbb{B}}^2$ est isomorphe à $T_{\mathbb{B}}(L_{\mathbb{B}})$ soit $\mathbb{L}_{\mathbb{B}} \times T_{\mathbb{B},e}(\mathbb{L}_{\mathbb{B}})$ ou $\mathbb{L}_{\mathbb{B}} \times \mathbb{L}(\mathbb{B}, T_e\mathbb{L}_{\mathbb{B}})$; or l'algèbre de Lie $T_e\mathbb{L}_{\mathbb{B}}$ est isomorphe à $\mathbb{L}(\mathbb{B},\mathbb{B})$; donc $\overline{\mathbb{L}}_{\mathbb{B}}^2$ est difféomorphe à $\mathbb{L}_{\mathbb{B}} \times \mathbb{L}^2(\mathbb{B};\mathbb{B})$ et tout $a_2 \in \overline{N}_{\mathbb{B}}^2$ s'écrit: $a_2 = id_{\mathbb{B}} + b_2$ où $b_2 \in \mathbb{L}^2(\mathbb{B};\mathbb{B})$; le groupe $\mathbb{L}_{\mathbb{B}}^2$ est difféomorphe à $\mathbb{L}_{\mathbb{B}} \times \mathbb{L}_S^2(\mathbb{B};\mathbb{B})$.

Pour q quelconque, le noyau $\overline{M}_{\mathbb{B}}^{q+1}$ de la projection $\overline{\mathbb{L}}_{\mathbb{B}}^{q+1} \to \overline{\mathbb{L}}_{\mathbb{B}}^{q}$ est un groupe abélien; tout $a_{q+1} \in \overline{M}_{\mathbb{B}}^{q+1}$ s'écrit:

$a_{q+1} = id_{\mathbb{B}} + b_{q+1}$ où $b_{q+1} \in \mathbb{L}^{q+1}(\mathbb{B};\mathbb{B})$; pour que $a_{q+1} \in M_{\mathbb{B}}^{q+1}$, noyau de $\mathbb{L}_{\mathbb{B}}^{q+1} \to \mathbb{L}_{\mathbb{B}}^{q}$, il faut et suffit que $b_{q+1} \in \mathbb{L}_s^{q+1}(\mathbb{B};\mathbb{B})$. Pour $q = 1$, on a $\overline{M}_{\mathbb{B}}^{2} = \overline{N}_{\mathbb{B}}^{2}$.

11. CONNEXIONS DANS LES ESPACES FIBRÉS PRINCIPAUX

Dans ce paragraphe, on se fixe une variété V (modelée sur $\mathbb{B}$); les espaces de repères $\overline{H}^q(V)$ et $H^q(V)$ seront désignés par $\overline{H}^q$ et H^q, les groupoïdes associés par $\overline{\pi}^q$ et π^q. On supposera que V admet des partitions différentiables de l'unité.

Une connexion généralisée du 1er ordre $C: H \to J_1H$, induit, d'après la proposition 10.3 un relèvement $\mathcal{C}: H \to \overline{H}^2$; une connexion au sens propre est un relèvement $\mathcal{C}$ qui soit un morphisme de fibrés principaux, c'est-à-dire $\forall a \in \mathbb{L}_{\mathbb{B}}$, on a: $\mathcal{C}(ha) = \mathcal{C}(h)a$.

Le fibré $\mathcal{C}(H)$ est alors un $\mathbb{L}_{\mathbb{B}}$-sous-fibré principal de $\overline{H}^2$.

Une telle connexion est encore définie par la donnée d'un champ d'éléments de contact sur H, transversaux aux fibres de la sur-mersion $p: H \to V$, ce champ étant invariant par les translations à droite du groupe $\mathbb{L}_{\mathbb{B}}$. On retrouve la définition classique.

Si (P, V, π) est une fibration principale quelconque, alors une connexion généralisée $C: P \to J_1P$ induit une application $C \times_V id_H: P \times_V H \to J_1P \times_V H$, d'où une application $\mathcal{C}: P \times_V H \to \mathcal{C}_{\mathbb{B}}P$. Pour obtenir un champ d'éléments de contact sur P, invariant par les translations de G (groupe structural de P), on impose à $\mathcal{C}$ d'être un morphisme de fibrés principaux. Le fibré $\mathcal{C}(P \times_V H)$ est alors un $G \times \mathbb{L}_{\mathbb{B}}$-sous-fibré principal de $\mathfrak{C}_{\mathbb{B}}P$; l'existence d'une connexion est donc équivalente à celle d'une section du fibré $Q_1 \to V$, associé au fibré principal $\mathfrak{C}_{\mathbb{B}}P$, de fibre type $(T_{\mathbb{B}}(G) \times \mathbb{L}_{\mathbb{B}})/(G \times \mathbb{L}_{\mathbb{B}}) = T_{\mathbb{B},e}(G) = \mathbb{L}(\mathbb{B},\underline{g})$; comme V possède des partitions différentiables de l'unité, de telles sections existent.

On peut étendre ces notions à l'ordre supérieur de deux manières différentes:

1) Nous avons défini dans §8 une connexion généralisée semi-holonome (resp. holonome) d'ordre q comme un relèvement $s_q : \overline{J}_{q-1}P \to \overline{J}_q P$ (resp. $J_{q-1}P \to J_q P$); si l'on se donne en outre un relèvement $s'_q : \overline{H}^{q-1} \to \overline{H}^q$ (resp. $H^{q-1} \to H^q$), on obtient un relèvement $S_q : \overline{\mathfrak{C}}^{q-1}_{\mathbb{B}}P \to \overline{\mathfrak{C}}^q_{\mathbb{B}}P$ (resp. $\mathfrak{C}^{q-1}_{\mathbb{B}}P \to \mathfrak{C}^q_{\mathbb{B}}P$); on imposera à $\mathfrak{C}_q$ d'être un morphisme de fibrés principaux. Si $\overline{\mathfrak{C}}^{q-1}_{\mathbb{B}}P$ admet des partitions différentiables de l'unité, on aura de telles connexions.

2) Si l'on se donne un relèvement $c_q : P \to \overline{J}_q P$ (resp. $P \to J_q P$), on en déduit un relèvement $c_q \times {}_V \mathrm{id}_{\overline{H}_q} : P \times {}_V \overline{H}^q \to \overline{J}_q P \times {}_V \overline{H}^q$ (resp. $P \times {}_V H^q \to J_q P \times {}_V H^q$) d'où un relèvement $\mathfrak{C}_q : P \times {}_V \overline{H}^q \to \overline{\mathfrak{C}}^q_{\mathbb{B}}P$ (resp. $P \times {}_V H^q \to \mathfrak{C}^q_{\mathbb{B}}P$).

On définira une connexion d'ordre q au sens de C EHRESMANN [4d] ou <u>$\mathcal{E}$-connexion</u> d'ordre q comme un relèvement $\mathfrak{C}_q : P \times {}_V \overline{H}^q \to \overline{\mathfrak{C}}^q_{\mathbb{B}}P$ (resp. $P \times {}_V H^q \to \mathfrak{C}^q_{\mathbb{B}}P$) qui est un morphisme de fibrés principaux. Dans le 1er cas la connexion est semi-holonome, dans le 2ème cas elle est holonome.

Une $\mathcal{E}$-connexion d'ordre q est donc un relèvement de la double flèche

$$\begin{array}{ccc} \overline{\mathcal{C}}^q_{\mathbb{B}}P & \xrightarrow{\ \overline{T}^q_{B}\pi\ } & \overline{H}^q \\ \beta\downarrow & & \\ P & & \end{array} \qquad\qquad \begin{array}{ccc} \mathcal{C}^q_{\mathbb{B}}P & \xrightarrow{\ T^q_{\mathbb{B}}\pi\ } & H^q \\ \text{resp.}\,\beta\downarrow & & \\ P & & \end{array}$$

Le fibré $\mathcal{C}_q(P \times_V \overline{H}^q)$ est un $G \times \overline{\mathbb{L}}^q_{\mathbb{B}}$-sous-fibré principal de $\overline{\mathcal{C}}^q_{\mathbb{B}}P$ et $\mathcal{C}_q(P \times_V H^q)$ est un $G \times \mathbb{L}^q_{\mathbb{B}}$-sous-fibré de $\mathcal{C}^q_{\mathbb{B}}P$; l'existence d'une E-connexion est donc équivalente à celle d'une section d'un fibré $\overline{Q}_q \to V$ (resp. $Q_q \to V$) de fibre type $\overline{T}^q_{\mathbb{B},e}(G)$ (resp. $T^q_{\mathbb{B},e}G$); comme $\overline{T}^q_{\mathbb{B},e}(G)$ et $T^q_{\mathbb{B},e}(G)$ sont difféomorphes à des espaces vectoriels, les hypothèses faites sur V assurent l'existence de telles sections.

Pour $\overline{X}_q \in \overline{\mathcal{C}}^q_{\mathbb{B}}P$, l'orbite $\overline{X}_q\, \overline{\mathbb{L}}^q_{\mathbb{B}}$ de $\overline{X}_q$ sous l'action de $\overline{\mathbb{L}}^q_{\mathbb{B}}$ est <u>un élément de contact</u> semi-holonome d'ordre q au sens de C. EHRESMANN; d'après la définition de $\mathcal{C}^q_{\mathbb{B}}P$, cet élément de contact est "transversal" aux fibres de $\pi: P \to V$. Même propriété pour les éléments de contact holonomes $X_q\, \mathbb{L}^q_{\mathbb{B}}$.

Une E-connexion d'ordre q définit sur P un champ d'éléments de contact d'ordre q transversaux aux fibres, invariant par les translations à droite de G.

Dans le cas particulier de la fibration $p: H \to V$ une E-connexion d'ordre q est un morphisme $\mathcal{C}_q$ de fibrés principaux: $H \to \overline{H}^{q+1}$; la E-connexion sera dite <u>symétrique</u> si $\mathcal{C}_q$ est à valeurs dans H^{q+1}.

Remarquons qu'une E-connexion d'ordre 1: $H \to \overline{H}^2$ est une connexion d'ordre 2 au sens de 1) puisque c'est un relèvement $\mathcal{C}_{\mathbb{B}}V \to \mathcal{C}^2_{\mathbb{B}}V$;

une E-connexion symétrique correspondant à une connexion holonome d'ordre 2.

D. LEHMANN [11a] a montré qu'une E-connexion holonome était un relèvement $P \to J_1 P$, morphisme de fibrés presque principaux.

Nous allons définir la torsion des E-connexions $H \to \overline{H}^{q+1}$ de façon que la "nullité" de la torsion entraîne la symétrie.

Etant données deux telles E-connexions $\mathcal{C}_q$ et $\mathcal{C}'_q$ il existe une application $\phi_{\mathcal{C}_q, \mathcal{C}'_q} : H \to \overline{N}_{\mathbb{B}}^{q+1}$ (où $\overline{N}_{\mathbb{B}}^{q+1}$ est le noyau de $\overline{L}_{\mathbb{B}}^{q+1} \to L_{\mathbb{B}}$) définie par $\mathcal{C}'_q(h) = \mathcal{C}_q(h)\phi_{\mathcal{C}_q, \mathcal{C}'_q}(h)$ c'est-à-dire $\phi_{\mathcal{C}_q, \mathcal{C}'_q}$ est la composée des applications

$$H \to \Delta_H \xrightarrow{\mathcal{C}_q \times \mathcal{C}'_q} \overline{H}_B^{q+1} \times {}_v\overline{H}^{q+1} \to \overline{N}_{\mathbb{B}}^{q+1}$$, la dernière flèche étant l'application:

$(h_{q+1}, h'_{q+1}) \to h_{q+1}^{-1} h'_{q+1}$; l'application $\phi_{\mathcal{C}_q, \mathcal{C}'_q}$ est donc différentiable; pour une troisième E-connexion $\mathcal{C}''_q$, on a:

$$\forall h \in H \quad \phi_{\mathcal{C}_q, \mathcal{C}''_q}(h) = \phi_{\mathcal{C}_q, \mathcal{C}'_q}(h)\phi_{\mathcal{C}'_q, \mathcal{C}''_q}(h).$$

Comme $\overline{L}_{\mathbb{B}}^{q+1}$ est le produit semi-direct $L_{\mathbb{B}} \times \overline{N}_{\mathbb{B}}^{q+1}$, on a [2]:

$$\forall h \in H \quad \forall a \in L_{\mathbb{B}} \quad \phi_{\mathcal{C}_q, \mathcal{C}'_q}(ha) = a^{-1} \phi_{\mathcal{C}_q, \mathcal{C}'_q}(h)a .$$

La donnée de $\mathcal{C}_q$ et de $\phi_{\mathcal{C}_q, \mathcal{C}'_q}$ détermine $\mathcal{C}'_q$; si $\phi_{\mathcal{C}_q, \mathcal{C}'_q}$ est à valeur constante $b \in \overline{N}_{\mathbb{B}}^{q+1}$, nous dirons que la E-connexion

$\mathcal{C}'_q$ est la <u>translatée</u> de $\mathcal{C}_q$ <u>par</u> b ($\mathcal{C}_q$ est alors la translatée de $\mathcal{C}'_q$ par b^{-1}).

Soit ω_q la projection : $\overline{N}^{q+1}_{\mathbb{B}} \to \overline{N}^{q+1}_{\mathbb{B}} / N^{q+1}_{\mathbb{B}}$; l'application $\tau_{\mathcal{C}_q,\mathcal{C}'_q} = \omega_q \, \phi_{\mathcal{C}_q \mathcal{C}'_q}$: $H \to \overline{N}^{q+1}_{\mathbb{B}} / N^{q+1}_{\mathbb{B}}$ sera appelée <u>torsion relative</u> du couple ($\mathcal{C}_q$, $\mathcal{C}'_q$); cette torsion relative sera dite "nulle" si elle est à valeurs dans $\omega_q(e)$ c'est-à-dire si $\phi_{\mathcal{C}_q,\mathcal{C}'_q}$ est à valeurs dans $N^{q+1}_{\mathbb{B}}$; dans ce cas les fibrés $\mathcal{C}_q(H)$ et $\mathcal{C}'_q(H)$ appartiennent à un même $L^{q+1}_{\mathbb{B}}$-sous-fibré principal de $\overline{H}^{q+1}_{B}$; $\mathcal{C}_q$ et $\mathcal{C}'_q$ seront alors dites <u>cosymétriques</u>.

On appellera <u>torsion à gauche</u> d'une E-connexion $\mathcal{C}_q$ et on notera $\tau_{\mathcal{C}_q}$ la torsion relative $\tau_{\mathcal{C}_q,\mathcal{C}'_q}$ où $\mathcal{C}'_q$ est une E-connexion symétrique quelconque. Cette définition est justifiée, car si $\phi_{\mathcal{C}'_q,\mathcal{C}''_q}$ prend ses valeurs dans $N^{q+1}_{\mathbb{B}}$, alors $\tau_{\mathcal{C}_q,\mathcal{C}'_q} = \tau_{\mathcal{C}_q,\mathcal{C}''_q}$. Deux E-connexions cosymétriques n'ont pas nécessairement même torsion.

On appellera <u>torsion à droite</u> d'une E-connexion symétrique (relativement à une E-connexion symétrique $\mathcal{C}^o_q$ fixée) la torsion relative $\tau_{\mathcal{C}^o_q,\mathcal{C}_q}$. Cette torsion dépend en général de $\mathcal{C}^o_q$, mais $\mathcal{C}^o_q$ étant choisie, deux E-connexions cosymétriques ont même torsion. On retrouve le point de vue développé pour le premier ordre par C. EHRESMANN [4b] et P. VER EECKE [18a].

Des définitions, il résulte qu'une E-connexion est symétrique si et seulement si sa torsion à droite ou si sa torsion à gauche est nulle.

Si pour une E-connexion $\mathcal{C}_q$ et une E-connexion $\mathcal{C}_q^o$ symétrique, l'application $\phi_{\mathcal{C}_q, \mathcal{C}_q^o}$ est à valeurs dans le noyau $\overline{M}_{\mathbb{B}}^{q+1}$ de la projection $\overline{\mathbb{L}}_{\mathbb{B}}^{q+1} \to \overline{\mathbb{L}}_{\mathbb{B}}^{q}$, alors la torsion $\tau_{\mathcal{C}_q}$ est à valeurs dans $\overline{M}_{\mathbb{B}}^{q+1} / M_{\mathbb{B}}^{q+1} = \mathbb{L}^{q+1}(\mathbb{B};\ \mathbb{B}) \Big/ \mathbb{L}_s^{q+1}(\mathbb{B};\mathbb{B}) = A\,\mathbb{L}^{q+1}(\mathbb{B};\mathbb{B}) = \mathbb{L}_a^{q+1}(\mathbb{B};\mathbb{B})$; comme le groupe $\overline{M}_{\mathbb{B}}^{q+1}$ est abélien, la torsion à gauche coïncide avec $\tau_{\mathcal{C}_q}$; c'est ce qui a toujours lieu pour $q = 1$ et l'on retrouve la torsion usuelle.

Propriété 11.1. Pour qu'une E-connexion $\mathcal{C}_q$ soit la translatée d'une E-connexion symétrique, il faut et il suffit que sa torsion à gauche soit constante.

La condition est nécessaire: cela résulte des définitions. La condition est suffisante: si $b \in \overline{N}_{\mathbb{B}}^{q+1}$ est un représentant de la classe d'équivalence $\tau_{\mathcal{C}_q}(H) \in \overline{N}_{\mathbb{B}}^{q+1} / N_{\mathbb{B}}^{q+1}$, pour toute E-connexion symétrique $\mathcal{C}_q^o$, on a $\phi_{\mathcal{C}_q, \mathcal{C}_q^o}(h) = b\ a(h)$, où $a(h) \in N_{\mathbb{B}}^{q+1}$; donc la E-connexion $\mathcal{C}'_q$ telle que $\phi_{\mathcal{C}_q, \mathcal{C}'_q}(h) = (a(h))^{-1}$ est symétrique et $\phi_{\mathcal{C}_q, \mathcal{C}'_q}(h) = b$ (on vérifie que l'application $H \to N_{\mathbb{B}}^{q+1}$ définie par $h \to a(h)$ est différentiable).

Remarques.

1) Une E-connexion $\mathcal{C}_q : H \to \overline{H}^{q+1}$ (resp. $H \to H^{q+1}$) définit une application $\overline{H}^{q+1} \to \overline{N}_{\mathbb{B}}^{q+1}$ (resp. $H^{q+1} \to N_{\mathbb{B}}^{q+1}$) définie par $h_{q+1} \to h_{q+1}^{-1}(p\ h_{q+1})$, où p est la projection $\overline{H}^{q+1} \to H$. Plus généralement une E-connexion $\mathcal{C}_q : P \times {}_V \overline{H}^q \to \overline{\mathfrak{C}}_{\mathbb{B}}^q P$ (resp. $P \times {}_V H^q \to \mathfrak{C}_{\mathbb{B}}^q P$) définit une application $\overline{\mathfrak{C}}_{\mathbb{B}}^q P \to \overline{T}_{\mathbb{B},e}^q(G)$ (resp. $\mathfrak{C}_{\mathbb{B}}^q P \to T_{\mathbb{B},e}^q(G)$).

2) Pour qu'une E-connexion $\mathcal{C}_q : P \times {}_V \overline{H}^q \to \overline{\mathfrak{C}}_{\mathbb{B}}^q P$ soit holonome, il faut et suffit que sa restriction à $P \times {}_V H^q$ soit à valeurs dans $\mathfrak{C}_{\mathbb{B}}^q P$, d'où l'introduction de la "courbure d'holonomie" $P \times {}_H V \to \overline{T}_{\mathbb{B},e}^q(G) / T_{\mathbb{B},e}^q(G)$ dont la "nullité" entraîne l'holonomie de la connexion.

Si l'on se donne une connexion du premier ordre $C_1 : P \times {}_V H \to \mathfrak{C}_{\mathbb{B}} P$, on a un relèvement $c : P \to J_1 P$; d'après une étude antérieure, le relèvement composé $j^1 c.c$ envoie P dans $\overline{J}_2 P$; on peut montrer (cf. [4d]) que ce relèvement $P \to \overline{J}_2 P$ définit une E-connexion $P \times {}_V \overline{H}^2 \to \overline{\mathfrak{C}}_{\mathbb{B}}^2 P$ dont la courbure d'holonomie est la courbure de c.

Cette courbure est une application $P \times {}_V H \to \overline{T}_{\mathbb{B},e}^2(G) / T_{\mathbb{B},e}^2(G)$; comme le noyau de la projection $\overline{T}_{\mathbb{B},e}^2(G) \to T_{\mathbb{B},e}(G)$ (resp. $T_{\mathbb{B},e}^2(G) \to T_{\mathbb{B},e}(G)$) s'identifie à $\mathbb{L}^2(\mathbb{B}; T_e G)$ (resp. $\mathbb{L}_s^2(\mathbb{B}; T_e G)$), la courbure est à valeurs dans $\mathbb{L}^2(\mathbb{B}; T_e G) / \mathbb{L}_s^2(\mathbb{B}; T_e G) = \mathbb{L}_a^2(\mathbb{B}; T_e G)$ (cf. §1)

Remarque. Dans les définitions classiques, la courbure est une 2-forme tensorielle sur P à valeurs dans $T_e G$; en étendant au cas banachique les résultats de D. BERNARD [1], à une telle 2-forme, on associe un tenseur $P \times {}_V H \to \mathbb{L}_a^2(\mathbb{B};\ T_e G)$.

12. CONNEXIONS DANS LES GROUPOÏDES DIFFÉRENTIABLES

Mêmes hypothèses et notations que dans §11. Nous allons d'abord définir les connexions dans un groupoïde Φ associé à un fibré principal (en particulier dans π^1 associé à H). Ensuite nous définirons les connexions dans les groupoïdes sommes des groupes.

Remarquons d'abord que si Φ et ψ sont deux groupoïdes transitifs sur V, alors le produit fibré $\Phi \times_{V \times V} \psi$ des surmersions $\alpha \times \beta: \phi \to V \times V$ et $\alpha \times \beta: \psi \to V \times V$ est un groupoïde transitif sur V. Si Φ et ψ sont respectivement associés aux fibrés principaux P et P', alors $\Phi \times_{V \times V} \psi$ est associé à $P \times_V P'$.

Une E-connexion $\mathcal{C}_q: P \times_V \overline{H}^q \to \overline{\mathcal{C}}^q_{\mathcal{B}} P$ (resp. $P \times_V H^q \to \mathcal{C}^q_{\mathcal{B}} P$), étant un morphisme de fibrés principaux, induit un <u>foncteur covariant</u> γ_q pour les groupoïdes associés; γ_q est un relèvement: $\Phi \times_{V \times V} \overline{\pi}^q \to \overline{\Phi}^q$ (resp. $\Phi \times_{V \times V} \pi^q \to \Phi^q$). Un tel relèvement γ_q sera désigné par E-connexion semi-holonome (resp. holonome) d'ordre q dans le groupoïde Φ. En particulier à $\mathcal{C}_q: H \to \overline{H}^{q+1}$ (resp. $H \to H^{q+1}$) correspond $\gamma_q: \pi^1 \to \overline{\pi}^{q+1}$ (resp. $\pi^1 \to \pi^{q+1}$); si $\mathcal{C}_q$ est symétrique, la E-connexion correspondante γ_q sera dite aussi symétrique.

Inversement la donnée de γ_q ne définit $\mathcal{C}_q$, si P est un fibré principal quelconque, qu'à une "translation près": si $\mathcal{C}_q$ définit une E-connexion γ_q dans Φ, alors toute E-connexion $\mathcal{C}'_q$ telle que:

$\forall (z, h_q) \in P \times_V H$, $\mathcal{C}'_q(z, h_q) = \mathcal{C}_q(z, h_q)a$ (où a est un élément constant de $\overline{T}^q_{\mathbb{B},e}(G)$) définit la même E-connexion γ_q. Si l'on se donne γ_q, pour déterminer $\mathcal{C}_q$ il suffit de se donner arbitrairement un relèvement dans $\overline{\mathcal{C}}^q_{\mathbb{B}}P$ (resp. $\mathcal{C}^q_{\mathbb{B}}P$) d'un couple (z, h_q). Pour les E-connexions $H \to \overline{H}^{q+1}$ (d'où $\pi^1 \to \overline{\pi}^{q+1}$), il suffit de se donner γ_q et l'image d'un élément $h \in H$. Si γ_q est symétrique, alors $\mathcal{C}_q$ est symétrique ou est la translatée d'une E-connexion symétrique. On déduit donc d'une propriété de §11:

Proposition 12.1. Pour qu'une E-connexion $\mathcal{C}_q: H \to \overline{H}^{q+1}$ détermine une E-connexion symétrique $\pi^1 \to \pi^{q+1}$, il faut et il suffit que $\mathcal{C}_q$ soit à torsion constante.

Soit $x \in V$; nous avons vu que pour tout groupoïde différentiable transitif Φ, l'image réciproque $\Phi_x = \alpha^{-1}(x)$ est un fibré principal, admettant Φ comme groupoïde associé. Dans ce cas particulier une E-connexion $\gamma_q: \Phi \times_{V \times V} \overline{\pi}^q \to \overline{\Phi}^q$ détermine par restriction une E-connexion $\mathcal{C}_q: \Phi_x \times_V \overline{\pi}^q_x \to \Phi^q_x$; ceci s'explique par le fait que ces fibrés principaux possèdent un élément distingué (unité du groupe d'isotropie en x du groupoïde considéré) et que $\mathcal{C}_q$ doit transformer un élément distingué en élément distingué.

On peut définir la torsion et la "courbure d'holonomie" d'une E-connexion $\pi^1 \to \overline{\pi}^{q+1}$ ou $\Phi \times_{V \times V} \overline{\pi}^q \to \overline{\Phi}^q$ de deux manières différentes: ou bien on se limite à π^1_x et $\Phi_x \times_V \pi^q_x$ et l'on se ramène aux notions de torsion et "courbure d'holonomie" pour des fibrés principaux, ou bien on les définit comme des applications ayant pour source π^1 ou $\Phi \times_{V \times V} \overline{\pi}^q$, à valeurs dans un espace fibré dont les fibres sont des espaces homogènes. Pour cela revenons à la définition du prolongement $\overline{\Phi}^q$ que l'on peut définir par récurrence à partir de Φ^1; il existe un foncteur $\gamma\colon \Phi^1 \to \Phi$ qui à tout 1-jet de section inversible associe son but; le noyau $N(\Phi)$ c'est-à-dire l'image réciproque par γ de l'ensemble des unités de Φ est un groupoïde somme de groupes. Du diagramme commutatif

$$\begin{array}{ccc}
(\Phi^1)^1 & \xrightarrow{\;j^1\gamma\;} & \Phi^1 \\
\downarrow{\scriptstyle\gamma} & & \Big| \\
\Phi^1 & \longrightarrow & \Phi
\end{array}$$

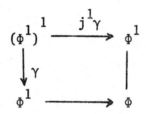

on déduit le foncteur $\delta\colon (\Phi^1)^1 \to N(\Phi)$ tel que $\delta(\theta_2) = (\gamma(\theta_2))^{-1}.j^1\gamma(\theta_2)$ et $\overline{\Phi}^2$ est le noyau de δ(en considérant les germes de sections de Φ^1, on a une application à valeurs dans le faisceau des germes de sections de $N(\Phi)$, désignée par QUE [16b] comme opérateur de Spencer non abélien); on définit $\overline{\Phi}^{q+1}$ comme le noyau du foncteur $\delta\colon (\overline{\Phi}^q)^1 \to N(\overline{\Phi}^{q-1})$. Si l'on part de $\pi^1 = HH^{-1}$, au couple des deux $\mathcal{E}$-connexions γ_q et $\gamma'_q\colon \pi^1 \to \overline{\pi}^{q+1}$, correspond une application $\phi_{\gamma_q,\gamma'_q}\colon \pi^1 \to \overline{\mathcal{N}}^{q+1}$ (où $\overline{\mathcal{N}}^{q+1}$ est le noyau de $\overline{\pi}^{q+1} \to \pi^1$) définie par: $\phi_{\gamma,\gamma'_q}(\theta) = \gamma'_q(\theta)\gamma_q^{-1}(\theta)$; désignons par $\overline{\mathcal{N}}^{q+1}/\mathcal{N}^{q+1}$ le fibré, réunion des espaces homogènes $\overline{\mathcal{N}}_x^{q+1}/\mathcal{N}_x^{q+1}$; pour toute $\mathcal{E}$-connexion γ_q on définit la torsion à droite et la torsion à gauche qui sont des applications $\pi^1 \to \overline{\mathcal{N}}^{q+1}/\mathcal{N}^{q+1}$; si la torsion est à valeurs dans la section "nulle" de $\overline{N}^{q+1}/N^{q+1}$ (section: $x \to$ classe de l'élément neutre de $\overline{N}^{q+1}$) alors γ_q est symétrique.

Remarquons que γ_q définit une application $\Delta_q : \overline{\pi}^{q+1} \to \overline{N}^{q+1}$ qui à tout $\theta_{q+1} \in \overline{\pi}^{q+1}$ associe $\gamma_q(\theta).\theta_{q+1}^{-1}$ où θ est la projection de θ_{q+1} sur π^1; γ_q est symétrique si et seulement si sa restriction à π^{q+1} est à valeurs dans N^{q+1}.

Dans le cas où Φ est un groupoïde, somme de groupes, toute section de Φ relativement à projection α est une section inversible puisque $\alpha = \beta$. On raisonne comme précédemment mais ici $\overline{\Phi}^q = \overline{J}^q\Phi$. Une E- connexion est un relèvement $\Phi \to \overline{J}_q\Phi$; on définit la torsion et la courbure d'holonomie. En particulier si $\Phi = E$ est un fibré vectoriel, les relèvements $E \to \overline{J}_qE$ sont les surconnexions qui ont été définies et étudiées dans [12b] [12c] [12d].

Les connexions dans les groupoïdes ont été définies d'une manière générale par J. PRADINES [14]; voir également P. VER EECKE [18b].

13. INTÉGRABILITÉ DES G-STRUCTURES ET DES GROUPOÏDES DIFFÉRENTIABLES

Soit $\mathbb{B}$ un espace de Banach et soit G un sous-groupe variété de $\mathbb{L}_{\mathbb{B}}$. Si V est une variété modelée sur $\mathbb{B}$, une G-structure sur V est définie par la donnée d'un G-sous-espace fibré principal H_G de H (espace des repères de V); l'existence d'une telle G-structure est équivalente à celle d'une section de l'espace fibré H/G, de fibre $\mathbb{L}_{\mathbb{B}/G}$, associé au fibré principal H. Par exemple si $\mathbb{B}$ est un espace de Hilbert, toute variété modelée sur $\mathbb{B}$ et admettant des partitions de l'unité admet une structure riemannienne ou $O(\mathbb{B})$-structure (ce qui a lieu notamment si $\mathbb{B}$ est séparable).

Supposons l'existence d'une G-structure H_G sur une variété V. A cette G-structure H_G est associée canoniquement un sous-fibré principal $\overline{H}_G^{q+1}$ de $\overline{H}^{q+1}$, désigné par <u>prolongement semi-holonome d'ordre</u> q <u>de</u> H_G, défini par:

$$\overline{H}_G^{q+1} = \mathcal{C}_{\mathbb{B}}^q (H_G) \cap \overline{H}^{q+1}$$

On peut encore définir $\overline{H}_G^{q+1}$ par récurrence: $\overline{H}_G^2$ est le noyau de la double flèche

$$\begin{array}{ccc} \mathcal{C}_{\mathbb{B}} H_G & \longrightarrow & H \\ \downarrow & & \\ H_G & & \end{array}$$

$\overline{H}_G^{q+1}$ est le noyau de la double flèche :

$$\begin{array}{ccc} \mathcal{C}_{\mathbb{B}} \overline{H}_G^q & \longrightarrow & \mathcal{C}_{\mathbb{B}} \overline{H}_G^{q-1} \\ \downarrow & & \\ \overline{H}_G^q & & \end{array} .$$

On vérifie ainsi que $\overline{H}_G^{q+1}$ est un fibré principal; son groupe structural sera désigné par $\overline{G}^{q+1}$.

Le difféomorphisme canonique (cf. §10) $\psi_q : \overline{H}^{q+1} \to \overline{J}_q H$ applique $\overline{H}_G^{q+1}$ sur $\overline{J}_q H_G$ (d'où une nouvelle définition possible pour $\overline{H}_G^{q+1}$); le difféomorphisme $\Lambda_q : \overline{\mathbb{L}}_{\mathbb{B}}^{q+1} \to \overline{T}_{\mathbb{B}}^q(\mathbb{L}_{\mathbb{B}})$ envoie $\overline{G}^{q+1}$ sur $\overline{T}_{\mathbb{B}}^q(G)$. Donc le noyau $\overline{G}_1^{q+1}$ de la projection $\overline{G}^{q+1} \to G$ est difféomorphe à $\overline{T}_{\mathbb{B},e}^q(G)$. Le groupe $\overline{G}^{q+1}$ est le produit semi-direct $G \times \overline{G}_1^{q+1}$; par suite l'algèbre de Lie $\overline{\underline{g}}^{q+1}$ de $\overline{G}^{q+1}$, s'identifie, comme espace vectoriel, à la somme directe $\overline{\underline{g}}^{q+1} = \underline{g} \oplus \mathbb{L}(B,\underline{g}) \oplus \dots \oplus \mathbb{L}^q(B;\underline{g})$.

Comme G est un sous-groupe-variété de $\mathbb{L}_{\mathbb{B}}$, $\underline{g} = T_e G$ est un sous-espace vectoriel fermé direct de $\mathbb{L}(\mathbb{B},\mathbb{B}) = T_e \mathbb{L}_{\mathbb{B}}$; pour tout k, $\mathbb{L}^k(\mathbb{B};\underline{g})$ est alors un sous-espace fermé direct de $\mathbb{L}^{k+1}(\mathbb{B};\mathbb{B})$ et l'on retrouve que $\overline{g}^{q+1}$ est un sous-espace fermé direct de $\overline{\ell}^{q+1} = T_e(\overline{\mathbb{L}}_{\mathbb{B}}^{q+1})$.

Soit $G^{q+1} = \overline{G}^{q+1} \cap \mathbb{L}_{\mathbb{B}}^{q+1}$; nous dirons que G est <u>prolongeable</u> si G^{q+1} est une sous-variété de $\overline{G}^{q+1}$ et $\mathbb{L}_{\mathbb{B}}^{q+1}$ (ce qui a toujours lieu si $\mathbb{B}$ est de dimension finie) pour tout entier q (§1); cette notion est à rapprocher de celle d'algèbre de Lie pluridirecte [13].

Le groupe G^{q+1} est le produit semi-direct $G_1^{q+1} \times G$ où $G_1^{q+1} = \overline{G}_1^{q+1} \cap G^{q+1}$; G_1^{q+1} est difféomorphe à la somme directe

$$\underline{g}^{(2)} \oplus \dots \oplus \underline{g}^{(q+1)}$$

où $\underline{g}^{(k+1)} = \mathbb{L}^k(\mathbb{B};\underline{g}) \cap L_s^{k+1}(\mathbb{B};\mathbb{B}) = \mathbb{L}(B,\underline{g}^{(k)}) \cap \mathbb{L}_s^{k+1}(\mathbb{B};\mathbb{B})$; on peut donc définir par récurrence $\underline{g}^{(k+1)} = \ker A|\mathbb{L}^k(\mathbb{B};\underline{g})$ (cf. §1); par suite $g^{(k+1)}$ est un sous-espace vectoriel fermé de $\mathbb{L}^k(\mathbb{B},g)$; si G est prolongeable, alors c'est un sous-espace fermé direct.

<u>Remarque</u>. Si pour tout $k > 0$, $g^{(k+1)}$ est de dimension finie, le groupe G est prolongeable; c'est ce qui a lieu notamment si les $g^{(k+1)}$ sont nuls (par exemple si $G = O(\mathbb{B})$).

On peut définir une G-structure <u>intégrable</u> comme une G-structure possédant la propriété suivante: $\forall h \in H_G$, il existe une carte locale $\phi: \nu \subset \mathbb{B} \to V$ telle que $j_o^1\phi = h$ et $\forall u \in \nu$, $j_u^1\phi . j_o^1 \tau_u \in H_G$ (où τ_u est la translation $v \to v + u$ de $\mathbb{B}$). Alors l'application $\sigma: u \to j_u^1\phi . j_o^1 \tau_u$ vérifie $\sigma(0) = j_o^1\phi$; on en déduit que $j_o^1\sigma \in \overline{H}_G^2$; d'autre part $j_o^1\sigma$ s'identifie à $j_o^2\phi$, donc $j_o^2\phi \in H^2 \cap \overline{H}_G^2$; par récurrence on démontre que $j_o^q\phi \in \overline{H}_G^q$. Donc si H_G est intégrable, pour tout entier q, l'application $H^{q+1} \cap \overline{H}_G^{q+1} \to H$ est surjective.

<u>Définition</u>. Une G-structure H_G sera dite q-intégrable si l'application $H^{q+1} \cap \overline{H}_G^{q+1} \to H_G$ est surjective.

Cette définition, équivalente à celle de Guillemin [7] est moins restrictive que celle de [12d]. Si H_G est q-intégrable, alors pour $q' < q$, elle est q'-intégrable.

<u>Théorème 13.1</u>. Si le groupe G est prolongeable, alors les trois propriétés suivantes sont équivalentes:

1) La G-structure H_G est q-intégrable.

2) L'intersection $H_G^{q+1} = H^{q+1} \cap \overline{H}_G^{q+1}$ est un G^{q+1}-sous-espace fibré principal de H^{q+1} et $\overline{H}_G^{q+1}$.

3) Il existe des G- $\mathcal{E}$-connexions qui sont symétriques (où une G-$\mathcal{E}$-connexion est un morphisme $H \to \overline{H}^{q+1}$ qui relève H_G dans $\overline{H}_G^{q+1}$).

(C'est la propriété 2e qui a été prise comme définition de la q-intégrabilité dans [12d], où l'on ne considérait que des variétés de dimension finie).

Montrons d'abord l'équivalence de 2) et 3); si l'on a un G^{q+1}-fibré principal H_G^{q+1}, une G-$\mathcal{E}$-connexion symétrique est un morphisme $H_G \to H_G^{q+1}$ c'est-à-dire une réduction du groupe structural G^{q+1} à G; comme G^{q+1}/G est difféomorphe à un espace vectoriel, V admettant des partitions différentiables de l'unité, on a de telles connexions; réciproquement à partir d'une section $H_G \to \overline{H}_G^{q+1}$ commutant avec l'action de G et dont l'image est contenue dans H^{q+1}, on déduit H_G^{q+1} par action de G_1^{q+1}.

Il est évident que 2) entraîne 1). Pour achever la démonstration, nous raisonnons par récurrence, en utilisant les résultats de D. BERNARD [1] sur l'intersection des fibrés principaux et la propriété suivante (dont la démonstration donnée dans [12d] en dimension finie s'étend au cas banachique): Etant donnée une $\mathcal{E}$-connexion $C_{q-1}: H \to \overline{H}^q$, il existe une $\mathcal{E}$-connexion $C_q: H \to \overline{H}^{q+1}$ se projetant suivant C_{q-1}; si C_{q-1} est symétrique, on peut trouver C_q symétrique.

Supposons l'existence d'un G^q-fibré principal $H^q_G = \overline{H}^q_G \cap H^q$; on définit alors le prolongement sesquiholonome $\check{H}^{q+1}_G = \mathcal{C}_{\mathbb{B}} H^q_G \cap \overline{H}^{q+1}$ qui est un fibré principal de base V puisque $\check{H}^{q+1}_G$ est dans $\mathcal{C}_{\mathbb{B}} H^q_G$ le noyau de la double flèche:

$$\begin{array}{ccc} \mathcal{C}_{\mathbb{B}} H^q_G & \longrightarrow & \mathcal{C}_{\mathbb{B}} H^{q-1}_G \\ \downarrow & & \\ H^q_G & & \end{array}$$

On a: $\check{H}^{q+1}_G \cap H^{q+1} = \mathcal{C}_{\mathbb{B}} H^q_G \cap H^{q+1}$. D'autre part, on a: $\overline{H}^{q+1}_G \cap H^{q+1} = \mathcal{C}_{\mathbb{B}} \overline{H}^q_G \cap H^{q+1}$; donc $\check{H}^{q+1}_G \cap H^{q+1} \subset \overline{H}^{q+1}_G \cap H^{q+1}$; d'autre part $H^{q+1} \subset \mathcal{C}_{\mathbb{B}} H^q$ et $\overline{H}^{q+1}_G \cap H^{q+1} \subset \mathcal{C}_{\mathbb{B}} \overline{H}^q_G \cap \mathcal{C}_{\mathbb{B}} H^q = \mathcal{C}_{\mathbb{B}} H^q_G$. Donc $\check{H}^{q+1}_G \cap H^{q+1} = \overline{H}^{q+1}_G \cap H^{q+1}$.

Soit alors des $\mathcal{E}$-connexions $C_q\colon H_G \to \check{H}^{q+1}_G$ et $C^o_q\colon H_G \to H'^{q+1}$ se projetant suivant la même $\bar{\mathcal{E}}$-connexion symétrique C^o_{q-1} (on désigne par H'^{q+1} l'image réciproque de H_G par $H^{q+1} \to H$); l'application $\phi_{C^o_q, C_q}$ telle que $\forall h$, $C_q(h) = C^o_q(h)\phi_{C_q, C^o_q}$ est à valeurs dans $\overline{M}^{q+1}_{\mathbb{B}}$ (noyau de la projection $\overline{\mathbb{L}}^{q+1}_{\mathbb{B}} \to \overline{\mathbb{L}}^q_{\mathbb{B}}$); les projections $\check{H}^{q+1}_G \to H^q_G$ et $H'^{q+1} \to H^q_G$ définissent des fibrations principales de groupes structuraux $\check{g}^{q+1}$ et $M^{q+1}_{\mathbb{B}}$; comme par hypothèse pour tout $h_q \in H^q_G$, l'intersection des fibres $(\check{H}^{q+1}_G)_h$ et $(H'^{q+1})_h$ n'est pas vide, d'après [1], $\phi_{C^o_q, C_q}$ est à valeurs dans $\check{g}^{q+1}$. $M^{q+1}_{\mathbb{B}} \subset \overline{M}^{q+1}_{\mathbb{B}}$; or $\check{g}^{q+1}$ et $M^{q+1}_{\mathbb{B}}$ sont des groupes abéliens isomorphes à $\mathbb{L}(\mathbb{B}, \underline{g}^{(q)})$ et $\mathbb{L}^{q+1}_s(\mathbb{B};\mathbb{B})$; comme G est prolongeable,

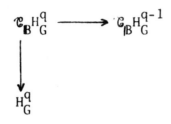

$\underline{g}^{(q+1)} = \mathbb{L}(\mathbb{B},\underline{g}^{(q)}) \cap \mathbb{L}_s^{q+1}(\mathbb{B};\mathbb{B})$ admet un supplémentaire topologique W dans $\mathbb{L}(\mathbb{B},\underline{g}^{(q)})$; par suite l'espace vectoriel engendré par $\mathbb{L}(\mathbb{B},\underline{g}^{(q)})$ et $\mathbb{L}_s^{q+1}(\mathbb{B};\mathbb{B})$ se décompose en la somme directe $\mathbb{L}_s^{q+1}(\mathbb{B};\mathbb{B}) \oplus W$; on en déduit une décomposition $\phi_{C_q^o, C_q} = \phi_2\,\phi_1$ où $\phi_1(h) \in M_{\mathbb{B}}^{q+1}$, $\phi_2(h) \in \check{g}^{q+1}$, les applications ϕ_1 et ϕ_2 étant différentiables; la E-connexion définie par $h \to C_q^o(h)\;(\phi_1(h))^{-1} = C_q(h)\;\phi_2(h)$ est à la fois une connexion symétrique et une G-connexion. Ce raisonnement est encore valable pour $q = 1$; donc 1) entraîne 3).

<u>Remarque.</u> Supposons G non prolongeable; soit q le plus petit entier pour lequel G^{q+1} n'est pas une sous-variété de $\overline{G}^{q+1}$ et $\mathbb{L}_{\mathbb{B}}^{q+1}$; d'après le théorème 13.1, si H_G est (q-1)-intégrable, il existe un G^q-fibré principal $H_G^q = \overline{H}_G^q \cap H^q$, mais d'après [1], pour que l'intersection $\check{H}_G^{q+1} \cap H^{q+1}$ soit un fibré topologique de base H_G^q, il est nécessaire que les applications $\check{g}^{q+1} \to \check{g}^{q+1}/g^{q+1}$ (où g^{q+1} est le noyau de $G^{q+1} \to G^q$) et $M_B^{q+1} \to M_{\mathbb{B}}^{q+1}/g^{q+1}$ soient des fibrations topologiques; or d'après les hypothèses, ces applications ne sont pas continues.

La même étude peut s'étendre au cas où G est un sous-groupe-variété de $\mathbb{L}_B^k$ (G-structure d'ordre k). Plus généralement soit $P \to V$ un fibré principal et Q un sous-fibré principal de $\mathcal{C}_{\mathbb{B}}^k P \to V$; le fibré Q sera dit q-intégrable si l'application $\overline{\mathcal{C}}_{\mathbb{B}}^q Q \cap \mathcal{C}_{\mathbb{B}}^{k+q} P \to Q$ est surjective. Remarquons, en considérant le difféomorphisme $\psi_k : \mathcal{C}_{\mathbb{B}}^k P \to J_k P \times {}_V H^k$ que la donnée de Q définit une G-structure d'ordre k et une sous-surmersion R_k de $J_k P$ (c'est-à-dire un système différentiel d'ordre k).

On désignera par <u>sous-groupoïde variété</u> ou plus brièvement <u>sous-groupoïde</u> d'un groupoïde différentiable Φ un sous-ensemble qui est à la fois un sous-groupoïde et une sous-variété; on supposera de plus que le sous-groupoïde admet même sous-variété des unités que Φ.

Un sous-groupoïde ψ du prolongement holonome Φ^k (S-structure au sens de J. PRADINES [14]) sera dit <u>intégrable</u> si pour tout $y^k \in \psi$, il existe une section locale inversible de Φ telle que $j_x^k s = y^k$ (où $x = \alpha(y^k)$) et $j^k s$ est une section locale de ψ; pour tout entier q, l'application $\psi^q \cap \Phi^{q+k} \to \psi$ est alors surjective. Le groupoïde ψ sera dit q-<u>intégrable</u> si l'application: $\psi^q \cap \Phi^{q+k} \to \psi$ est surjective et <u>formellement intégrable</u> si cette propriété a lieu pour tout q.

Si Φ et ψ sont transitifs ($\Phi = PP^{-1}$, $\psi = \mathcal{C}_{\mathbb{B}}^k P\ (\mathcal{C}_{\mathbb{B}}^k P)^{-1}$), on se ramène en se fixant un point de la base x à la q-intégrabilité d'un fibré principal ψ_x; mais ψ_x peut être q-intégrable sans que $\mathcal{C}_{\mathbb{B}}^k P$ le soit.

En particulier si l'on se donne une G-structure H_G, le groupoïde $\pi_G^1 = H_G H_G^{-1} \subset \pi^1(V)$ est intégrable si et seulement si la G-structure est localement homogène et transitive, ce qui n'entraîne pas nécessairement que la G-structure soit q-intégrable (par exemple la structure presque complexe sur la sphère S_6) [5]. Le théorème 13.1 s'applique aussi au groupoïde ψ; si ce groupoïde est q-intégrable, avec un groupe d'isotropie prolongeable (ce groupe est isomorphe à G), il existe des

$\mathcal{E}$-connexions symétriques $\pi^1(V) \to \pi^{q+1}(V)$ qui relèvent π^1_G dans π^q_G; en raison de la proposition 12.1, on a:

Proposition 13.1. Si le groupoïde $H_G\, H_G^{-1}$ associé à une G-structure est q-intégrable (avec G prolongeable), alors le fibré principal H_G admet des $\mathcal{E}$-connexions d'ordre q à torsion constante et réciproquement.

Dans le cas d'un sous-fibré principal Q de $\mathfrak{C}_{\mathbb{B}}P$, la q-intégrabilité de QQ^{-1} est équivalente (si le groupe d'isotropie est prolongeable) à l'existence sur Q d'une connexion à courbure d'holonomie constante.

14. TENSEUR DE STRUCTURE DES G-STRUCTURES ET DES GROUPOÏDES DIFFÉRENTIABLES (cf. [12d])

Soit une G-structure H_G ; considérons son prolongement semi-holonome $\overline{H}_G^{q+1}$ et $H'^{q+1} \subset H^{q+1}$ (cf. §13); on a les fibrations principales $\overline{H}_G^{q+1} \to H_G$ et $H'^{q+1} \to H_G$, de groupes structuraux $\overline{G}_1^{q+1}$ et $N_{\mathbb{B}}^{q+1}$.

Fixons-nous $h_{q+1} \in H'^{q+1}$ (se projetant sur $h \in H_G$); si $\overline{h}'_{q+1}$ et $\overline{h}'_{q+1}$ appartiennent à la fibre $(\overline{H}_G^{q+1})_h$, on a $\overline{h}_{q+1} = h_{q+1}s$, $\overline{h}'_{q+1} = h_{q+1}sg$ où $s \in \overline{N}_{\mathbb{B}}^{q+1}$ et $g \in \overline{G}_1^{q+1}$; à cette fibre $(\overline{H}_G^{q+1})_h$ est donc associé un élément $\rho(h_{q+1})$ de l'espace homogène $\overline{N}_{\mathbb{B}}^{q+1} / \overline{G}_1^{q+1}$ (on a bien ici un espace homogène au sens de [3] et [10] car $\overline{G}_1^{q+1}$ est un sous-groupe-variété de $\overline{N}_{\mathbb{B}}^{q+1}$). Le groupe $N_{\mathbb{B}}^{q+1} \subset \overline{N}_{\mathbb{B}}^{q+1}$ opère à gauche sur l'espace homogène $\overline{N}_{\mathbb{B}}^{q+1} / G_1^{q+1}$; soit $(\overline{N}_{\mathbb{B}}^{q+1} / G_1^{q+1}) / N_{\mathbb{B}}^{q+1}$ l'espace des orbites; quand h'_{q+1} décrit la fibre $(H'^{q+1})_h$, alors $\rho(h'_{q+1})$ décrit l'orbite de $\rho(h_{q+1})$ sous l'action de $N_{\mathbb{B}}^{q+1}$.

<u>Définition 14.1.</u> On appelle "tenseur de structure" d'ordre q, de première espèce l'application

$$\alpha_q : H_G \to (\overline{N}_{\mathbb{B}}^{q+1}/G_1^{q+1})/N_{\mathbb{B}}^{q+1}$$

qui à tout $h \in H_G$ associe l'orbite de $\rho(h_{q+1})$ (où h_{q+1} est un élément quelconque de $(H'^{q+1})_h$).

Cette définition est justifiée car α_q est entièrement déterminé par la donnée de H_G.

On dira que α_q est "nul" si $\alpha_q(H_G)$ est l'orbite de la classe de l'élément neutre de $\overline{N}_{\mathbb{B}}^{q+1}$; cette condition est équivalente à la suivante: pour tout $h \in H_G$, il existe $h'_{q+1} \in H'^{q+1}$ et $\overline{h}_{q+1} \in \overline{H}_G^{q+1}$ tels que $\overline{h}_{q+1} = h'_{q+1}s$ où $s \in \overline{G}_1^{q+1}$, mais alors $h'_{q+1} \in \overline{H}_G^{q+1}$ et $(\overline{H}_G^{q+1})_h \cap (H'^{q+1})_h$ n'est pas vide: la G-structure est q-intégrable. D'où:

Proposition 14.1. Pour que la G-structure soit q-intégrable, il faut et il suffit que son tenseur de structure α_q soit nul.

Pour $q = 1$, on rejoint la théorie du tenseur de structure de C. EHRESMANN [12b]; voir aussi VER EECKE [18a].

Dans [12d], nous avons introduit ce tenseur de structure en utilisant des E-connexions car nous avions donné une définition plus restrictive de la q-intégrabilité.

En se fixant $\overline{h}_{q+1} \in \overline{H}_G^{q+1}$ et en considérant h_{q+1}, $h'_{q+1} \in H'^{q+1}$, on définit de même $\tau(\overline{h}_{q+1}) \in \overline{N}_B^{q+1}/N_B^{q+1}$; en faisant varier $\overline{h}'_{q+1}$ dans $\overline{H}_G^{q+1}$, $\tau(\overline{h}'_{q+1})$ décrit l'orbite de $\tau(\overline{h}_{q+1})$ sous l'action de $\overline{G}_1^{q+1}$, d'où:

Définition 14.2. On appelle "tenseur de structure" d'ordre q, de deuxième espèce, l'application

$$\beta_q: H_G \to (\overline{N}_{\mathbb{B}}^{q+1}/N_{\mathbb{B}}^{q+1})/\ \overline{G}_1^{q+1}$$

qui à tout $h \in H_G$ associe l'orbite de $\tau(\overline{h}_{q+1})$ (où $\overline{h}_{q+1}$ est un élément quelconque de $(\overline{H}_G^{q+1})_h$.

On définit de même la "nullité" de β_q et l'on a:

Proposition 14.2. Pour que la G-structure soit q-intégrable, il faut et il suffit que son tenseur de structure β_q soit nul.

Remarquons que si l'on se donne une G-E-connexion $C_q: H_G \to \overline{H}_G^{q+1}$, alors $\tau(C_q(h))$ est la valeur de la torsion de C_q en h; c'est pourquoi $\tau(\overline{h}_{q+1})$ sera désigné par torsion de $\overline{h}_{q+1}$.

Pour $q = 1$, β_1 est à valeurs dans $(\overline{M}^2_{\mathbb{B}}/M^2_{\mathbb{B}})/\ \overline{G}^2_1$; comme ces trois groupes sont abéliens, β_1 est à valeurs dans l'espace vectoriel quotient $(\mathbb{L}^2(\mathbb{B};\mathbb{B})/_{\mathbb{L}^2_s(\mathbb{B};\mathbb{B})})\ /\ (\overline{\underline{g}}^{(2)}/\underline{g}^{(2)})$ (cf. §13), c'est-à-dire β_1 est à valeurs dans $\mathbb{L}^2_a(\mathbb{B};\mathbb{B})/A\ \mathbb{L}(\mathbb{B},\underline{g})$.

En dimension finie, on retrouve le tenseur de structure de D. BERNARD [1].

Proposition 14.3. Pour que le groupoïde $H_G H_G^{-1}$ soit q-intégrable, il faut et il suffit que le tenseur de structure β_q du fibré principal H_G soit à valeur constante.

(Cette proposition généralise la proposition 13.1 car elle est encore valable si G n'est pas prolongeable).

En effet si $\beta_q(H_G)$ est une orbite fixe, pour tout couple (h, h') d'éléments de H_G, l'ensemble des valeurs prises par la torsion de tous les éléments de $(\overline{H}_G^{q+1})_h$ est identique à l'ensemble des valeurs prises par la torsion de tous les éléments de $(\overline{H}_G^{q+1})_{h'}$; donc $\forall \overline{h}_{q+1} \in (\overline{H}_G^{q+1})_h$, on peut lui associer $\overline{h}'_{q+1} \in (\overline{H}_G^{q+1})_{h'}$ ayant même torsion; le même raisonnement que dans §11, montre que $\theta_{q+1} = \overline{h}'_{q+1}(\overline{h}_{q+1})^{-1}$ appartient au groupoïde $\pi^{q+1}(V) = H^{q+1}(H^{q+1})^{-1}$; comme tout $\theta \in \pi_G^1(V) = H_G H_G^{-1}$ s'écrit $h'h^{-1}$, ce groupoïde est q-intégrable. Réciproquement si le groupoïde est q-intégrable, pour tout $\theta = h'h^{-1} \in \pi_G^1(V)$, il existe un relèvement $\theta_{q+1} \in \pi^{q+1}(V) \cap \pi_G^{q+1}(V)$, et à tout $\overline{h}_{q+1} \in (\overline{H}_G^{q+1})_h$, on associe $\overline{h}'_{q+1} = \theta_{q+1}\,\overline{h}_{q+1}$ ayant même torsion.

Supposons maintenant la G-structure (q-1)-intégrable avec G prolongeable; d'après le théorème 13.1, il existe un G^q-sous fibré principal H_G^q de $\overline{H}_G^q$ et H^q. On a alors le prolongement sesquiholonome $\check{H}_G^{q+1} = \mathcal{C}_{\mathbb{B}} H_G^q \cap \overline{H}^{q+1}$, défini dans §13; pour $\check{h}_{q+1} \in \check{H}_G^{q+1}$, la torsion $\tau(\check{h}_{q+1})$ est à valeurs dans $\check{M}_{\mathbb{B}}^{q+1}/M_{\mathbb{B}}^{q+1}$; or $\check{M}_{\mathbb{B}}^{q+1}$, sous-groupe de $\overline{M}_{\mathbb{B}}^{q+1}$, est un groupe abélien isomorphe à $\mathbb{L}^2(\mathbb{B};\mathbb{L}_s^{q-1}(\mathbb{B};\mathbb{B}))$; donc la torsion est à valeurs dans $A\,\mathbb{L}^2(\mathbb{B};\mathbb{L}_s^{q-1}(\mathbb{B};\mathbb{B}) \subset \mathbb{L}_a^2(\mathbb{B};\mathbb{L}_s^{q-1}(\mathbb{B},\mathbb{B}))$ (cf. §1); d'autre part quand $\overline{h}'_{q+1}$ décrit $(\check{H}_G^{q+1})_{h_q}$ (image réciproque de $h_q \in H_G^q$ par la projection $\check{H}_G^{q+1} \to H_G^q$), la torsion $\tau(\overline{h}'_{q+1})$ décrit l'orbite de $\tau(\check{h}_{q+1})$ sous l'action du groupe abélien $\check{g}^{q+1}$ (défini dans §13), isomorphe à $\mathbb{L}(\mathbb{B},\underline{g}^{(q)})$; la torsion relative de $\check{h}_{q+1}$ et $\check{h}'_{q+1}$ est à valeurs dans $A\,\mathbb{L}(\mathbb{B},\underline{g}^{(q)})$; on a donc une application: $H_G^q \to A\,\mathbb{L}^2(\mathbb{B};\mathbb{L}_s^{q-1}(\mathbb{B},\mathbb{B}))/A\mathbb{L}(\mathbb{B},\underline{g}^{(q)})$. Mais si l'on se donne un morphisme de fibrés principaux $c\colon H_G^{q-1} \to H_G^q$, on a un prolongement $j^1c\colon J_1 H_G^{q-1} \to J_1 H_G^q$ (cf. §8), d'où un relèvement $J_1 H_G^{q-1} \times {}_V H \to J_1 H_G^q \times {}_V H$, c'est-à-dire (cf. §10) un relèvement $\mathcal{C}_{\mathbb{B}} H_G^{q-1} \to \mathcal{C}_{\mathbb{B}} H_G^q$; on démontre comme dans §8 que l'application composée $j^1c.c$ relève H_G^{q-1} dans $\check{H}_G^{q+1}$, et en utilisant les résultats de §8 et §11, on montre que la torsion d'un élément de $j^1c.c(H_G^{q-1})$ est à valeurs dans $\mathbb{L}_a^2(\mathbb{B};\underline{g}^{(q-1)})$ (on utilise le fait que le groupe structural de la fibration $H_G^{q-1} \to H_G^{q-2}$ est isomorphe à $\underline{g}^{(q-1)}$); cette torsion est donc à valeurs dans $\mathbb{L}_a^2(\mathbb{B};\underline{g}^{(q-1)}) \cap A\mathbb{L}^2(\mathbb{B};\mathbb{L}_s^{q-1}(\mathbb{B};\mathbb{B}))$; comme $A\mathbb{L}^2(\mathbb{B};\mathbb{L}_s^{q-1}(\mathbb{B};\mathbb{B})) = \delta\mathbb{L}^2(\mathbb{B};\mathbb{L}_s^{q-1}(\mathbb{B};\mathbb{B}))$ et que $\delta^2 = 0$ (cf. §1), la torsion est à valeurs dans l'espace des cocycles d'ordre q, dimension 2 de la δ-cohomologie de $\underline{g}$; on définit ainsi un tenseur de structure relatif:

$H_G^{q-1} \to [\mathbb{L}_a^2(\mathbb{B};\ \underline{g}^{(q-1)}) \cap A\mathbb{L}^2(\mathbb{B};\ \mathbb{L}_s^{q-1}(\mathbb{B};\mathbb{B}))]/A\mathbb{L}(\mathbb{B},\ \underline{g}^{(q)})$ c'est-à-dire une application

$$H_G^{q-1} \to \mathcal{H}^{q,2}(G)$$

où $\mathcal{H}^{q,2}(G)$ est le groupe de la δ-cohomologie de g, de bidegré $(q,2)$; cette propriété a été démontrée dans [12d] en dimension finie; on rejoint les résultats de V. GUILLEMIN [7] (en se donnant une $\mathcal{E}$-connexion $H_G \to H_G^{q-1}$, on a un tenseur de structure relatif défini sur H_G)

Contrairement au cas de la dimension finie, il n'existe pas nécessairement d'entier q_o tel que $\mathcal{H}^{q,2}(G) = 0$ pour $q > q_o$.

On définirait de même un tenseur de structure pour les G-structures d'ordre k ou plus généralement pour les sous-fibrés principaux d'un fibré principal $\mathfrak{T}_{\mathbb{B}}^k P$.

On définit également un tenseur de structure pour les sous-groupoïdes différentiables ([14]). Par exemple si l'on a une G-structure H_G, on définit les tenseurs de structure de première et deuxième espèce d'ordre q du groupoïde $\pi_G^1 = H_G H_G^{-1}$ par des fonctions qui à tout $\theta \in \pi_G^1$ associent un élément de l'orbite $(\overline{N}_x^{q+1} / \overline{G}_{1,x}^{q+1})/N_x^{q+1}$ (ou de l'orbite $(\overline{N}_x^{q+1}/N_x^{q+1})/\overline{G}_{1,x}^{q+1})$, où $\overline{N}_x^{q+1}$, N_x^{q+1}, $\overline{G}_{1,x}^{q+1}$ sont les groupes d'isotropie en $x = \alpha(\theta)$ des noyaux des projections $\overline{\pi}^{q+1}(V) \to \pi^1(V)$, $\pi^{q+1}(V) \to \pi^1(V)$, $\overline{\pi}_G^{q+1}(V) = \overline{H}_G^{q+1}(\overline{H}_G^{q+1})^{-1} \to \pi_G^1(V)$ (cf. §12, où l'on a défini la torsion des connexions dans les groupoïdes). Ces groupes sont respectivement isomorphes à $\overline{N}_{\mathbb{B}}^{q+1}$, $N_{\mathbb{B}}^{q+1}$, $\overline{G}_1^{q+1}$. En particulier pour $q = 1$, ces groupes sont abéliens et les espaces homogènes ont des structures de groupes; le tenseur de structure β_2 est à valeurs dans $(\overline{M}^2/M^2)/(\overline{G}^2/G^2)$, où $\overline{M}^2/M^2$ est le groupoïde somme des groupes $\overline{M}_x^2/M_x^2$ (ensemble des applications $\tilde{x} + \mathbb{L}_a^2(T_x; T_x)$ où x est l'application identique de T_x); le groupoïde $\overline{G}^2/G^2$ est le groupoïde des groupes $\overline{G}_x^2/G_x^2$ (ensemble des applications $\tilde{x} + A\mathbb{L}(T_x, T_{\tilde{x}}\, G_x)$).

Si l'on appelle suite exacte des groupoïdes différentiables, la suite $\Phi \xrightarrow{f} \psi \xrightarrow{g} \Theta$, où f et g sont des foncteurs différentiables, avec Im f = noyau g, cette image étant une sous-variété de ψ et Θ étant une somme de groupes, on a alors la suite exacte

$$\pi_G^2 \to \pi_G^1 \to (\overline{M}^2 / M^2)/(\overline{G}^2 / G^2)$$

où $\pi_G^2 = \overline{\pi}_G^2 \cap \pi^2(V)$.

Les suites exactes de groupes de Lie et de fibrés vectoriels sont des cas particuliers de suites exactes de groupoïdes.

15. SUR LES DÉPLACEMENTS INFINITÉSIMAUX [4a], [4d]

Soit Φ un groupoïde différentiable, de base V. On désignera par $v^{\alpha}\, T\Phi$ l'espace des vecteurs tangents à Φ qui sont α-*verticaux* (cf. [14]) c'est-à-dire tangents aux fibres de la surmersion $\alpha\colon \Phi \to V$.

Définition 15.1. Un déplacement infinitésimal d'ordre 1 sur un groupoïde différentiable Φ est un vecteur tangent à Φ qui est α-vertical et dont l'origine est une unité de Φ.

On désignera par depl Φ, l'ensemble des ces déplacements infinitésimaux. On a le diagramme commutatif:

$$\begin{array}{ccc} \operatorname{depl}\Phi & \longrightarrow & v^{\alpha}T\Phi \\ \downarrow & & \downarrow \\ V & \xrightarrow[\iota]{} & \Phi \end{array}$$

où ι est la section canonique V.

Remarquons qu'une section $V \to \operatorname{depl}\Phi$, c'est-à-dire la donnée d'un champ de vecteurs verticaux le long de $\iota(V)$ détermine une *déformation* de cette section ι.

Cette notion s'applique notamment au cas où Φ est une somme de groupes. En particulier si E est un fibré vectoriel de base V, la section canonique identifie V à la sous-variété des vecteurs nuls;

depl E est l'espace des vecteurs tangents aux fibres le long de V; donc depl E représente le fibré normal à V (considérée comme sous-variété de E).

Dans la suite on supposera le groupoïde Φ transitif; alors il existe des fibrés principaux P tels que $\Phi = PP^{-1}$. Soit $\Lambda: P \times P \to PP^{-1}$ telle que $\Lambda(z',z) = z'z^{-1}$ (cf. §2). A tout chemin différentiable $\gamma: I \ni 0 \to \Phi$, tel que $X = j_0^1\gamma \in \text{depl}\,\Phi$ correspond la classe des chemins $\delta: I \to P$ tels que $z_t\, z_0^{-1} = \gamma(t)$ (où $z_t = \delta(t)$) (la classe de ces chemins s'identifie à $G\delta$, où pour tout $g \in G$, le chemin $g\delta$ est l'application $t \to z_t g$). Si Z est le vecteur tangent $j_0^1\delta$, on a: $X = T\Lambda(Z, 0_z) = T\Lambda(Tg(X), 0_{zg})$, où 0_z est le vecteur nul de T_zP (cf. [12b]). Il en résulte que depl Φ s'identifie à TP/G, espace des vecteurs tangents à P mod. les translations à droite de G; désormais TP/G sera désigné par depl P et on a le diagramme commutatif:

$$\begin{array}{ccc} TP & \longrightarrow & \text{depl}\,P \\ \downarrow & & \downarrow \\ P & \xrightarrow{\ \pi\ } & V \end{array}$$

c'est-à-dire $TP = \pi^*\,\text{depl}\,P$.

La section canonique ι associe à tout $x \in V$, l'application identique $\tilde{x}$ de la fibre P_x. On posera $\Phi_0 = \iota(V)$ (cf. §2). Suivant que l'on considérera le groupoïde Φ ou le fibré principal P, on écrira la suite exacte de fibrés vectoriels:

(1) $0 \to v\,\text{depl}\,\Phi \to \text{depl}\,\Phi \to T\Phi_0 \to 0$

(1)' $0 \to v \text{ depl } P \to \text{depl } P \to TV \to 0$,

où v depl Φ est l'espace des vecteurs tangents à Φ dont l'origine est dans Φ_o et qui sont $(\alpha \times \beta)$-verticaux; on a: $v \text{ depl } \Phi = \bigcup_{x \in V} T_{\tilde{x}} G_x$ où $G_x = (\alpha \times \beta)^{-1}(x)$ est le groupe des isomorphismes de la fibre P_x. Donc v depl Φ est un fibré en algèbres de Lie. l'espace v depl P (qui lui est canoniquement isomorphe) est l'espace vTP/G des vecteurs verticaux pour la surmersion $P \to V$ mod. les translations à droite de G.

Remarque. L'ensemble $(\text{depl } \Phi)_x$ des déplacements infinitésimaux d'origine $\tilde{x}$ est l'espace $T_{\tilde{x}} \Phi_x$ où Φ_x est le fibré principal $\alpha^{-1}(x)$.

Dans le cas d'un espace homogène P/G (P: groupe de Lie, G: sous-groupe variété de P), la remarque 1) de §2 s'étend au cas différentiable: le groupoïde Φ associé au fibré principal P est difféomorphe à $P \times P/G$; la section canonique $\iota: P/G \to P \times P/G$ est la section $x \to (e,x)$ (e unité de P). Comme α est l'application $(y,x) \to (e,x)$, le fibré vectoriel depl Φ est le fibré trivial $T_eP \times P/G$: on retrouve les déplacements infinitésimaux de la méthode du repère mobile. En particulier si P est le groupe affine $\mathbb{A}_{\mathbb{B}}$ (produit semi-direct $\mathbb{L}_{\mathbb{B}} \times \mathbb{B}$), on a $\mathbb{B} = \mathbb{A}_{\mathbb{B}}/\mathbb{L}_{\mathbb{B}}$ et $T_e\mathbb{A}_{\mathbb{B}} = \mathbb{L}(\mathbb{B},\mathbb{B}) \oplus \mathbb{B}$; un déplacement infinitésimal est la somme d'une "translation" et d'une "rotation" infinitésimale.

Dans le cas où le groupe structural G se réduit à l'identité, on a la fibration principale (V, V, id_V) et le groupoïde associé est $V \times V$ (cf. §2); la section canonique ι est la section $V \to \Delta_V$

(diagonale de V); les vecteurs tangents à la variété des unités sont les vecteurs diagonaux et les déplacements infinitésimaux sont les vecteurs verticaux pour la première projection, dont l'origine est dans Δ_V: on retrouve les vecteurs diagonaux et les vecteurs verticaux définis par D.C. SPENCER [17]: depl Φ s'écrit alors $J_o T$ avec les notations de celui-ci.

Une connexion du 1er ordre sur P (fibré principal quelconque) étant définie par la donnée d'un champ d'éléments de contact transversaux aux fibres, invariant par les translations de G, il y a correspondance bijective entre scissions des suites exactes (1) ou (1') et morphismes $H \times {}_V P \to \mathcal{C}_{\mathbb{B}} P$; c'est le point de vue développé par C. EHRESMANN [4a],[4d]. Remarquons que la correspondance entre scissions de (1) et connexions dans le groupoïde Φ n'est pas toujours bijective, d'après l'étude de §12.

Dans le cas de $\Phi = V \times V$, une scission de (1) envoie les vecteurs diagonaux dans les vecteurs verticaux: c'est la connexion canonique de D.C. SPENCER [17].

Si $\Phi = \overline{\pi}^q(V) = \overline{H}^q(\overline{H}^q)^{-1}$ ou $\Phi = \pi^q(V) = H^q(H^q)^{-1}$, on a le théorème suivant (en écrivant plus brièvement $\overline{\pi}^q$, π^q, T pour $\overline{\pi}^q(V)$, $\pi^q(V)$, TV.

Théorème 15.1. Il existe un isomorphisme canonique $\mathcal{J}^q: J_q T \to \text{depl}\ \pi^q$ (resp. $\overline{\mathcal{J}}^q: \overline{J}_q T \to \text{depl}\ \overline{\pi}^q$).

Ce théorème, dû à l'auteur en dimension finie [12a], [12d], a été démontré en utilisant la dimension de $J_q T$ et $\overline{J}_q T$; nous allons en donner une nouvelle démonstration dans le cadre des variétés banachiques.

Une section locale X de $T \to V$ c'est-à-dire un champ local de vecteurs détermine un groupe local à un paramètre de difféomorphismes locaux f_t dont les sources sont contenues dans un ouvert $U \subset V$. On en déduit pour tout entier q et tout $x \in U$ un chemin $\gamma_q : I \to \pi^q$ défini par $t \to j^q_x f_t$; on a $\gamma_q(0) = j^q_x \, Id_U$ et $\alpha(j^q_x f_t) = x$; donc le vecteur $j^1_o \gamma_q$ est un déplacement infinitésimal de π^q; d'autre part au moyen d'une carte locale ϕ, la famille f_t est représentée par une famille difféomorphismes locaux $\tilde{f}_t$ dont les sources sont des ouverts de $\mathbb{B}$; si $u = \phi^{-1}(x)$, on a alors $\frac{d}{dt} D^q_u \tilde{f}_t |_{t=0} = D^q_u (\frac{d}{dt} \tilde{f}_t |_{t=0})$; donc le jet $j^1_o \gamma_q$ est déterminé par $j^q_x X$. On a ainsi une application canonique $j_q : J_q T \to \text{depl}\ \pi^q$; on vérifie que c'est un morphisme de fibrés vectoriels et que j_q est injective. Pour montrer qu'elle est bijective on raisonne par récurrence. Si l'on se donne $y^1 \in J_1 T$, se projetant suivant $y \in T_x V$, on sait (§7) que l'ensemble des $y'^1 \in J_1 T$, se projetant suivant y, s'identifie à l'espace vectoriel $\mathbb{L}(T_x V, T_x V)$; d'autre part si $z^1 = j_1(y^1)$, l'ensemble des $z'^2 \in \text{depl}\ \pi^1$ se projetant suivant y^1, s'identifie à $(v\ \text{depl}\ \Phi)_x = T_{\tilde{x}}\ \text{Isom}\ (T_x V)$ (voir le début de ce paragraphe) c'est-à-dire à l'algèbre de Lie $\mathbb{L}(T_x V, T_x V)$ du groupe $\text{Isom}\ T_x V$. Donc j_1 est un isomorphisme.

Supposons le théorème démontré jusqu'à l'ordre $q-1$: alors

l'ensemble des $y'^q \in J_qT$ ayant même projection y^{q-1} que $y^q \in J_qT$ s'identifie à l'espace vectoriel $\mathbb{L}^q_s(T_xV;\ T_xV)$; d'autre part l'ensemble des $z'^q \in$ depl π^q ayant même projection sur depl π^{q-1} que $z^q = j_q(y^q)$ s'identifie à l'algèbre de Lie du noyau $M^q(x)$ de la projection $\pi^q(x) \to \pi^{q-1}(x)$ (où $\pi^q(x)$ est le groupe d'isotropie en x du groupoïde π^q); $M^q(x)$, isomorphe à $M^q_{\mathbb{B}}$(noyau de $\mathbb{L}^q_{\mathbb{B}} \to \mathbb{L}^{q-1}_{\mathbb{B}}$) est un groupe abélien dont l'algèbre de Lie est $\mathbb{L}^q_s(T_xV;\ T_xV)$.

Même raisonnement pour démontrer l'existence du difféomorphisme $\bar{j}^q\colon \bar{J}_qT \to$ depl $\bar{H}^q$, en remplaçant $\mathbb{L}^q(T_xV;\ T_xV)$ par $\mathbb{L}^q_s(T_xV;\ T_xV)$.

Etant donnée une G-structure H_G sur V, si $\pi^1_G = H_G H_G^{-1}$, alors depl π^1_G est un sous-fibré vectoriel de depl π^1 et $R_1 = (j^1)^{-1}(\pi^1_G)$ est un sous-fibré vectoriel de J_1T dont les solutions sont les automorphismes infinitésimaux de la G-structure c'est-à-dire pour qu'un champ local de vecteurs sur V engendre un groupe local à un paramètre de difféomorphismes locaux f_t appartenant au pseudogroupe des automorphismes locaux de la G-structure, il faut et il suffit que j^1X soit une section de R_1.

Considérons maintenant un fibré principal quelconque (P,V,π); si $\Phi = PP^{-1}$, du diagramme (10.1), on déduit le diagramme commutatif:

(15.1)
$$\begin{array}{ccc} \text{depl } J^qT & \longrightarrow & \text{depl } \Phi^q \\ \downarrow & & \downarrow \\ P & \xrightarrow{\ \pi\ } & V \end{array}$$

D'après §10, le groupoïde Φ^q opère transitivement et

librement sur le fibré principal $\mathfrak{C}^q_{\mathbb{B}}P$; donc en raison du diagramme (10.1), le groupoïde $J^q\Gamma$ opère transitivement et librement sur le fibré principal image réciproque $\pi^*\mathfrak{C}^q_B P \to P$. Comme $J^q(\Gamma)$ est un sous-groupoïde différentiable du groupoïde $\pi^q(P)$ de tous les q-jets inversibles de P dans P, le fibré principal $\pi^*\mathfrak{C}^q_{\mathbb{B}}P$ s'identifie à un sous-fibré principal du fibré $H^q(P)$ des q-repères de P. D'ailleurs tout q-jet de $\mathbb{B}$ dans P, appartenant à $\mathfrak{C}^q_{\mathbb{B}}P$ se prolonge en un q-jet inversible de $\mathbb{B} \times T_eG$ dans P c'est-à-dire en un q-repère: soit $X^q = j^q_o\phi \in \mathfrak{C}^q_{\mathbb{B}}P$, de but $z \in P$; d'après §2, on désigne encore par z le difféomorphisme $G \to P_x$ (fibre au-dessus de $x = \pi(z)$) défini par $g \to zg$; le jet $j^1_e z$ s'identifie à un isomorphisme de T_eG dans $T_z P_x$; comme le jet $j^1_o\phi$ définit un élément de contact transversal aux fibres, le couple $(j^1_o\phi,\ j^1_e z)$ est un repère du 1er ordre su P; on démontre alors que $(X^q,\ j^q_e z)$ définit un q-repère.

Les automorphismes infinitésimaux de la structure de fibré principal sur P sont les champs de vecteurs invariants par les translations à droite de G. Toute section locale $s: U \to \text{depl}\ \Phi$ (où U est un ouvert de V), définit une section $\sigma: U \to \text{depl}\ P$ c'est-à-dire un champ local de vecteurs tangeants à P invariant par les translations à droite de P, d'où un groupe local de difféomorphismes f_t appartenant au pseudo-groupe Γ; le même raisonnement que dans la démonstration du théorème 15.1 montre que le jet $j^q_x\sigma$ (pour tout $x \in U$) détermine une famille d'éléments de $\text{depl}\ J^q(\Gamma)$ dont les origines sont les éléments de la fibre P_x et qui se déduisent les uns des autres par les translations de G; en raison du diagramme (15.1), on a un élément de $\text{depl}\ \Phi^q$; réciproquement à un élément de depl Φ^q correspond une famille d'éléments de depl $J^q\Gamma$, invariante par translation; en appliquant le théorème 15.1 à la variété P, par $(j^q)^{-1}$, on associe à cette famille une famille d'éléments de $J_q TP$ invariante par translation, d'où un élément de J_q depl Φ; on en déduit:

Proposition 15.1. Il existe un isomorphisme canonique H^q: J_q depl P $\to$ depl Φ^q. Cette proposition est due en dimension finie à QUE [16b] qui en a donné une démonstration dans le cas où G est un sous-groupe du groupe linéaire, en prenant des sections à support compact.

On a encore un isomorphisme H^q: J_q depl P $\to$ depl $\mathfrak{C}^q_{\mathbb{B}}P$ puisque Φ^q est le groupoïde associé à $\mathfrak{C}^q_{\mathbb{B}}P$. En partant de l'isomorphisme H^1: J_1 depl P $\to$ depl $\mathfrak{C}_{\mathbb{B}}P$, on obtient un isomorphisme J_1 depl $\mathfrak{C}_{\mathbb{B}}P \to$ depl $\mathfrak{C}_{\mathbb{B}}\mathfrak{C}_{\mathbb{B}}P$ c'est-à-dire un isomorphisme J_1J_1 depl P $\to$ depl $\mathfrak{C}_{\mathbb{B}}\mathfrak{C}_{\mathbb{B}}P$, d'où en prenant des noyaux de double flèche un isomorphisme $\bar{J}_2$ depl P $\to$ depl $\bar{\mathfrak{C}}^2_{\mathbb{B}}P$; par récurrence, on déduit (en considérant les groupoïdes):

Proposition 15.2. Il existe un isomorphisme canonique $\bar{H}^q$: $\bar{J}_q$ depl $\Phi \to$ depl $\bar{\Phi}^q$.

Remarque. Le fibré vectoriel depl P est un fibré associé au fibré principal $\mathfrak{C}_{\mathbb{B}}P$ (en effet le groupoide J^1P opère sur TP en transformant une classe de vecteurs tangents mod. G en une classe mod. G). On déduit par récurrence, en utilisant la proposition 15.2: le groupoïde $\bar{\Phi}^q$ opère transitivement sur $\bar{J}_q$ depl Φ et $\bar{\mathfrak{C}}^q_{\mathbb{B}}P$ opère sur $\bar{J}_q$ depl P.

L'espace $\mathcal{C}_{\mathbb{B}}P$ considéré comme fibré principal de base P s'identifiant à un sous-fibré principal de H(P), la variété $\mathcal{C}_{\mathbb{B}}P$ est parallélisable. En vertu de la proposition 15.1, un relèvement: depl P $\to J_1$ depl P est une connexion du 1er ordre pour la fibration $\mathcal{C}_{\mathbb{B}}P \to P$, connexion telle que le champ d'éléments de contact horizontaux définissant cette connexion soit invariant par les translations à droite du groupe structural $T_{\mathbb{B}}(G) \times \mathbb{L}_{\mathbb{B}}$ de la fibration $\mathcal{C}_{\mathbb{B}}P \to V$; le système des géodésiques sur P est invariant par les translations du groupe structural G; il se relève suivant un système de trajectoires de champs de vecteurs invariant par les translations de $T_{\mathbb{B}}(G) \times \mathbb{L}_{\mathbb{B}}$.

On a sur $\mathcal{C}_{\mathbb{B}}P$ une forme à valeurs dans $\mathbb{B} \oplus \underline{g}$ (fibre type du fibré vectoriel depl P.)

De même $\overline{\mathcal{C}}^q_{\mathbb{B}}P$ et $\mathcal{C}^q_{\mathbb{B}}P$ sont parallélisables; un relèvement $\overline{J}_{q-1}$ depl P $\to \overline{J}_q$ depl P (resp. J_{q-1} depl P $\to J_q$ depl P) est une connexion du premier ordre pour la fibration principale $\overline{\mathcal{C}}^q_{\mathbb{B}}P \to \overline{\mathcal{C}}^{q-1}_{\mathbb{B}}P$ (resp. $\mathcal{C}^q_{\mathbb{B}}P \to \mathcal{C}^{q-1}_{\mathbb{B}}P$) dont le système des géodésiques est invariant par les translations à droite du groupe structural de $\overline{\mathcal{C}}^{q-1}_{\mathbb{B}}P \to V$ (resp. $\mathcal{C}^{q-1}_{\mathbb{B}}P \to V$). Dans le cas de P = H, ces connexions ont été étudiées dans [12b].

Si ψ est un sous-groupoïde différentiable transitif de Φ^k (prolongement holonome de $\Phi = PP^{-1}$) tel que l'application $\psi^q \cap \Phi^{q+k} \to \psi$ soit surjective et que $\psi^q \cap \Phi^{q+k}$ soit un groupoïde différentiable, alors, on a:

$$\text{depl } \psi^q \cap \text{depl } \Phi^{q+k} = \text{depl } (\psi^q \cap \Phi^{q+k}) .$$

Donc $\mathrm{depl}\ \psi^q \cap \mathrm{depl}\ \Phi^{q+k}$ est un sous-fibré vectoriel de $\mathrm{depl}\ \psi^q$ et de $\mathrm{depl}\ \Phi^{q+k}$ et l'application $\mathrm{depl}\ \psi^q \cap \mathrm{depl}\ \Phi^{q+k} \to \mathrm{depl}\ \psi$ est surjective.

Ces conditions sont réalisées dans le cas d'une G-structure H_G telle que le groupoïde $H_G G_G^{-1}$ soit q-intégrable, avec G prolongeable (cf. §13); alors d'après la proposition 14.3, la G-structure admet un tenseur de structure β_q à valeur constante; d'où

<u>Proposition 15.3.</u> Soit une G-structure H_G (avec G prolongeable) dont le tenseur de structure β_q est à valeur constante; si R_1 est le sous-fibré vectoriel de J_1T, isomorphe à $\mathrm{depl}\ H_G$, alors le prolongement $R_{q+1} = J_q R_1 \cap J_{q+1}T$ est un sous-fibré vectoriel de $J_{q+1}T$ et de $\overline{R}_{q+1} = \overline{J}_q R_1$; l'application $R_{q+1} \to R_1$ est surjective.

Nous allons maintenant étudier la réciproque.

<u>Proposition 15.4.</u> Soit une G-structure satisfaisant les conditions

1) le groupoïde $\pi_G = H_G H_G^{-1}$ est connexe

2) le prolongement R_2 de R_1 est un sous-fibré vectoriel de J_2T et de $\overline{R}_2$

3) l'application $R_2 \to R_1$ est surjective ;

alors le tenseur de structure β_1 est constant.

Il suffit de démontrer que l'application $\overline{\pi}_G^2 \cap \pi^2 \to \pi^1$ est surjective; en fixant $x \in V$, on se ramène à l'intersection des fibrés principaux $\overline{\pi}_{G,x}^2$ et π_x^2. Nous nous inspirons d'une démonstration de RODRIGUES [15]. Il résulte des hypothèses que $\mathrm{depl}\ \overline{\pi}_{G,x}^2 \cap \mathrm{depl}\ \pi_x^2$ est un sous-fibré vectoriel de depl $\overline{\pi}^2_{G,x}$ et depl π^2_x et que: depl $\overline{\pi}^2_{G,x} \cap$ depl $\pi^2_x \to$ depl $\pi_{G,x}$ est surjective; le crochet de 2 sections locales de depl $\overline{\pi}^2_{G,x} \cap$ depl π^2_x au-dessus d'un ouvert U de V est encore une section locale de cette intersection (on a le crochet de deux sections locales de depl $\overline{\pi}^2_x$). Donc sur π'^2_x (image réciproque de $\pi_{G,x}$ dans π^2_x) le champ qui a tout $z \in \pi'^2_x$ associe l'élément de contact appartenant à depl $\overline{\pi}^2_{G,x} \cap$ depl π^2_x est complètement intégrable d'après le théorème de FROBENIUS; soit P une variété intégrale maximale de ce champ; il résulte des hypothèses que la restriction à P de la projection $\omega:\pi'^2_x \to \pi_{G,x}$ est une submersion et $\omega(P)$ est un ouvert de $\pi_{G,x}$; comme le champ est invariant par les translations du groupe structural de la fibration $\pi'^2_x \to \pi_{G,x}$, toute translation de ce groupe transforme P en une variété intégrale maximale; donc si P et P' sont des variétés intégrales maximales, $\omega(P)$ et $\omega(P')$ sont identiques ou disjointes; comme $\pi_{G,x}$ est connexe, on a: $\omega(P) = \omega(P') = \pi_{G,x}$ et l'application $P \to \pi_{G,x}$ est surjective.

Soit P_x la variété intégrale passant par l'unité $\tilde{x}$ du groupoïde π'^2; P_x est contenue dans la variété intégrale maximale (passant par $\tilde{x}$) $\mathcal{P}_x$ du champ défini sur $\overline{\pi}^2_x$ par depl $\overline{\pi}^2_{G,x} \cap$ depl π^2_x; de même depl $\overline{\pi}^2_{G,x} \cap$ depl π^2_x définit sur $\overline{\pi}^2_{G,x}$ un champ complètement intégrable; soit Q_x la variété intégrale maximale passant par $\tilde{x}$; Q_x est contenue dans $\mathcal{P}_x$. Il en résulte que l'une des variétés P_x ou Q_x est contenue dans l'autre; donc $P_x \cap Q_x$ (qui coincide avec l'une de ces variétés) appartient à $\pi_x^2 \cap \overline{\pi}_{G,x}^2$ et l'application $P_x \cap Q_x \to \pi_{G,x}$ est surjective, d'où la proposition.

Si G est prolongeable, alors $\pi^2 \cap \pi_G^2$ est un sous-groupoïde différentiable de π^2 et $\overline{\pi}_G^2$; s'il est connexe et si R_3 est un sous-fibré vectoriel de $\overline{R}_3$ et J_3T et si l'application $R_3 \to R_2$ est surjective, alors le tenseur de structure β_2 est constant (la démonstration est du même type). Si le système R_1 est q-intégrable, on peut ainsi continuer jusqu'à l'ordre q.

BIBLIOGRAPHIE

[1] D. BERNARD - Thèse, "Ann. Inst. Fourier", 10, 151-270 (1960).

[2] Y. BOSSARD - Thèse 3e cycle (Rennes 1967).

[3] N. BOURBAKI - "Variétés différentielles et analytiques" - Résultats Hermann, Paris 1967.

[4] C. EHRESMANN - a) "Connexions infinitésimales", Colloq. Top. Alg. Bruxelles, 1950, p.29-55.

b) "Introduction à la théorie des structures infinitésimales et des pseudogroupes de Lie", Colloq. Inter. CNRS Strasbourg, 1953.

b') Intern. Cong. of Math. I (Amsterdam, 1954), p.479.

c) C.R. Acad. Sc. Paris, t.240, 1954, p.1762; t.241, 1955, p.397 et p.1755.

d) "Connexions d'ordre supérieur", Atti del 5e Cong. del Unione math. Italiana, 1955; Cremonese, Roma, 1956.

e) C.R. Acad. Sc. Paris, t.246, 1958, p.360.

f) "Catégories topologiques et catégories différentiables", Colloq. Géom. differ. Globale - Bruxelles 1958.

g) "Groupoïdes diferenciales y pseudogrupos de Lie", Revista de la Union Matem. argentina, vol. XIX, Buenos Aires, 1960, p.48.

h) "Espèces de structures locales" (traduction de "Gattungen von lokalen stukuren, 1957) - Cahiers de Topol. et Géom.

Differ., vol. 3, 1961. "Prolongements ... " - Cahiers de Topol. et Géom. Differ. vol. 6, 1964. "Propriétés infinitésimales ..." - Cahiers de Topol. et Géom. Differ., vol. 9, 1966.

i) "Catégories différentiables", Atti Conv. Geom. Diff., Bologna, 1967.

[5] C. EHRESMANN et P. LIBERMANN - C.R. Acad. Sc. de Paris, t.232, 1951, p. 1281.

[6] H. GOLDSCHMIDT - a) Annals of Math., vol. 86, no 2, 1967, p.246-271.

b) Journ. of Diff. Geom., vol. 1, no 3, 1967, p.269-307.

[7] V. GUILLEMIN - Trans. Amer. Math. Soc., 1965, p.544.

[8] M. KURANISHI - "Lectures on involutive systems", Sao Paulo, 1967.

[9] S. LANG - "Introduction to differentiable Manifolds", J. Wiley, 1962.

[10] M. LAZARD - "Leçons de calcul différentiel et intégral" (à paraître).

[11] D. LEHMANN - a) Thèse (Paris, 1966), Soc. Math. France.

b) Résultats non publiés.

[12] P. LIBERMANN - a) "Pseudogroupes infinitésimaux", Coll. Int. CNRS, Lille 1959, Bull. Soc. Math. France, 57, 1959, p.409-625.

a') Anais da Acad. Brasileira de Ciencias.

b) Colloq. Intern. CNRS Grenoble, 1963, p.145-172.

c) C.R. Acad. Sc. Paris, t.258, p.6327, 1964; t.259, p.2948, 1964; t.260, p.776, 1965; t.261, p.2801, 1965; t.265, p.740, 1967.

d) "Connexions d'ordre supérieur et tenseur de structure", Atti del Conv. Intern. Gem. Diffe. Bologna, 1967, Zanichelli.

[13] J.P. PENOT - "Sur le théorème de Frobenius", Département de Math., Université de Sherbrooke. "Groupes et tronçons de transformations", Département de Math., Université de Sherbrooke, Soc. Math. France, 98, 1970, p.47.

[14] J. PRADINES - C.R. Acad. Sc. Paris, t.263, 1966, p.907; t.264, 1967, p.245.

[15] A. RODRIGUES - "G. structures et pseudogroupes de Lie", Cours, Fac. Sc. Grenoble, 1967-68.

[16] N.V. QUE - a) Thèse (Paris, 1966), Annales Inst. Fourier, t. 17, 1, 157-225 (1967).

b) "Non abelian Spencer Cohomology", Journ. of Diff. Geom., 1969.

[17] D.C. SPENCER - Conférences au Séminaire de Mathématiques Supérieures, Montréal, 1969.

[18] P. VER ECKE - a) Thèse; Cahiers Top. et Géom. Diff. 5, 1963.

b) "Introduction a las conexiones de order superior", Facult. de Ciencias, Zaragoza 1968.

STRUCTURE FREDHOLM SUR LES VARIÉTÉS BANACHIQUES

par K. D. ELWORTHY

INTRODUCTION

The idea of a Fredholm structure grew out of an attempt to give a global formulation to the degree theory of Leray and Schauder, with the hope of having applications to existence theorems for nonlinear elliptic partial differential equations. This is described in [6]. However it turns out that they are also an extremely useful tool in the study of differential topology of Banach manifolds, and it is this aspect which is described in these notes. In fact at the moment the extra control which is obtained by working with finite dimensional perturbations of the identity map seems vital for the proofs of the open embedding theorem (Theorem 4) and the isotopy theorem (Proposition 1) as well as in the extension of Mazur's tangential equivalence theorem to non-Hilbert manifolds (Corollary to Proposition 2).

One of the most useful results is Mukherjea's theorem (see proof of Theorem 4) on the existence of a filtration of certain Banach manifolds by a sequence of finite dimensional manifolds. Eells pointed out that this should give a direct proof a stability along the lines of Theorem 5 but there seems to be some difficulty in obtaining a good enough exhaustion of the manifold by tubular neighbourhoods of the filtration and we found it easier to prove the existence of open embeddings first. For open subsets of Hilbert space this difficulty does not arise. However one would expect that a detailed study should lead to such a direct proof, and also prove the stability theorem in much greater generality than given here. The basic facts about Fredholm structures are given in detail in [7] and a survey of related results in [2].

I - DEFINITION ET PROPRIETES FONDAMENTALES DES STRUCTURES FREDHOLM ET DES STRUCTURES ETALEES

Dans toute cette étude E , F désigneront des espaces de Banach séparables. La différentielle d'une application f de E dans F sera notée Df . La différentielle en un point x de E sera notée Dxf .

1- Définitions et rappels d'analyse linéaire

Nous désignerons par :

$L(E,F)$: ensemble des applications linéaires continues de E dans F .

$J(E,F)$: sous-ensemble de $L(E,F)$ formé des applications de rang fini.

$C(E,F)$: sous-ensemble de $L(E,F)$ formé des applications compactes.

$J(E,F) \quad C(E,F) \quad L(E,F)$.

Si $E = F$, nous poserons :

$L(E,E) = L(E)$; $J(E,E) = J(E)$; $C(E,E) = C(E)$.

Soit $GL(E)$ le groupe des éléments inversibles de $L(E)$, I_E l'application identique de E dans E .

$C(E)$ est fermé dans $L(E)$ pour la topologie forte.

Définition 1.

Une application α de E dans F est localement de dimension finie (en abrégé l.d.f.) si tout point x de E admet un voisinage U_x tel que $\alpha(U_x)$ soit contenu dans un sous-espace de dimension finie de F .

Définition 2.

Une application α de E dans F est localement compacte (en abrégé l.c.) si tout point x de E admet un voisinage U_x tel que $\overline{\alpha(U_x)}$ soit compacte.

Définition 3.

Soit T un élément de $L(E,F)$, f une application continue de E dans F , f est une $L(T)$ application s'il existe une application α de E dans F localement de dimension finie telle que :

$$f = T + \alpha .$$

Définition 4.

Soit T un élément de $L(E,F)$, f une application de classe C^1 de E dans F , f est une $C(T)$ application si, quel que soit x dans E , il existe une application α_x de E dans F , localement compacte telle que

$$D_x f = T + \alpha_x .$$

Un cas important est celui où $E = F$, $T = I_E$. Soit $GL_C(E)$ l'ensemble des $C(I_E)$ éléments de $GL(E)$. $GL_C(E)$ est un sous-groupe formé de $GL(E)$.

Définition 5.

Un élément T de $L(E,F)$ est un opérateur de Fredholm si :

1) $\ker T$ est de dimension finie ;

2) $\operatorname{Im} T$ est fermée

3) $\operatorname{coker} T$ est de dimension finie .

Nous définissons l'indice d'un opérateur Fredholm T , $i(T)$ par :

$$i(T) = \lim(\ker T) - \lim(\operatorname{coker} T) .$$

Soit $\phi(E,F)$ l'ensemble des opérateurs Fredholm de E dans F , $\phi_n(E,F)$ le sous-ensemble de $\phi(E,F)$ formé des opérateurs d'indice n

Nous rappelons, sans démonstration, les propriétés suivantes des opérateurs Fredholm [7] et [9]. :

i) L'application indice i $\phi(E,F) \to 2$ est continue.

ii) La somme d'un opérateur Fredholm d'indice n et d'un opérateur compact est un opérateur Fredholm d'indice n .

iii) Réciproquement, tout élément T de $\phi_0(E,F)$ est de la forme

$$T + u = \alpha$$

or u est un isomorphisme et α un opérateur de rang fini.

iv) Il existe un diagramme commutatif de fibrés vectoriels (les flèches horizontales représentant les applications naturelles induites par l'inclusion) :

$$\begin{array}{ccccccc}
C(E) & \longleftarrow & C(E) & \longleftarrow & C(E) & \longleftarrow & GL_C(E) \\
\downarrow & & \downarrow & & \downarrow & & \downarrow \\
L(E) & \longleftarrow & \phi(E) & \longleftarrow & \phi_0(E) & \longleftarrow & GL(E) \\
\downarrow P & & \downarrow P & & \downarrow P & & \downarrow \pi \\
L(E)/C(E) & \longleftarrow & (L(E)/C(E))^* & \longleftarrow & (L(E)/C(E))_0^{*} & \overset{j}{\longleftarrow} & GL(E)/GL_C(F)
\end{array}$$

Dans ce diagramme :

$(L(E)/C(E))^*$ désigne l'ensemble des éléments inversibles de l'algèbre $L(E)/C(E)$.

$(L(E)/C(E))_0^*$ est le sous-ensemble de $(L(E)/C(E))^*$ image par la projection naturelle p de $\phi_0(E)$.

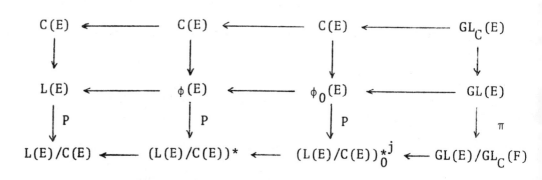

v) La projection p induit une équivalence d'homotopie de $\phi_0(E)$ sur $(L(E)/C(E))_0^*$.

L'application $j : GL(E)/GL_C(E) \to (L(E)/C(E))_0^*$ est un isomorphisme.

Corollaires des propriétés précédentes :

Supposons $GL(E)$ contractile (par exemple $E = lp$, $E = C_0$) , le fibré

$$\begin{array}{c} GL(E) \\ \downarrow \pi \\ GL(E)/GL_C(E) \end{array}$$

est un fibré classifiant pour les $GL_C(E)$ fibrés vectoriels de base un espace paracompact X .

vi) Supposons donnée dans E une double suite de sous-espaces fermés de E (E_n , E^n) $n \in N$ vérifiant les 4 propriétés suivantes :

1) $E_1 \subset E_2 \subset \ldots \subset E_n \subset \ldots$

2) $\ldots \supset E^n \supset E^{n-1} \supset \ldots \supset E^1$

3) $\dim E_n = n$

4) $E_n \oplus E^n = E$.

Le choix d'une telle suite permet de définir une application i : $i : GL(\infty) \to GL_C(E)$; $(GL_\infty = \lim\limits_{\to} GL(n))$.

D'après [7] et [10], i est une équivalence d'homotopie quelle que soit la suite (E_n , E^n) vérifiant les propriétés précédentes.

Définition 6.

Une application de classe C^1f de E dans F est une application Fredholm d'indice n (ϕ_n-application en abrégé) si sa différentielle en tout point de E est un opérateur Fredholm d'indice n .

II - FIBRES ETALES ET FIBRES FREDHOLM

Dans toute la suite de cet exposé, X désignera un espace topologique paracompact.

Définition 7.

Une application fibrée f , $X \times E \to X \times F$ linéaire dans chaque fibre est une L(T)-application fibrée si, quel que soit x , il existe un voisinage U_x de x et un sous-espace de dimension finie F_x de F tel que, quel que soit y point de U_x , la restriction de f à la fibre au-dessus de y soit de la forme :

$$T + \alpha y$$

où l'image de αy est contenue dans F_x .

Une application fibrée f $X \times E \to X \times F$ linéaire dans chaque fibre est une C(T) application, si sa restriction à la fibre au-dessus du point x est de la forme $T + \alpha x$ où αx est un élément de C(E,F) .

f est une ϕ_n-application fibrée si sa restriction à chaque fibre est un opérateur Fredholm d'indice n .

Définition 8.

Un fibré vectoriel de base X , d'espace total $\mathcal{E}$ de fibre E , $\pi\ \mathcal{E} \to X$, localement trivial est muni d'une structure étalée (resp. Fredholm) si les applications de changement de carte sont des $L(I)$ (resp. $C(I)$) applications fibrées.

<u>Remarque</u> : un fibré vectoriel admet une structure Fredholm si son groupe structural admet une réduction à $GL_C(E)$.

Deux fibrés étalés (respectivement Fredholm) $\pi\ E \to X$ et $\pi'\ E' \to X$ sont équivalents s'il existe un isomorphisme de fibrés vectoriels $f\ E \to E'$ tels que f soit une $L(I)$ (respectivement $C(I)$) application fibrée.

<u>Théorème 1</u>

Soit $\pi : E \to X$ un fibré vectoriel de base X , de fibre F .

i) Une ϕ_0-application fibrée $f\ E \to X \times E$ induit sur une structure étalée unique.

ii) Si $\sum_L$ est une structure étalée, il existe une ϕ_0-application fibrée $f\ E \to X \times E$ telle que la structure étalée induite par f sur π soit $\sum_L$.

iii) Si f_0 et f_1 sont deux ϕ_0-applications fibrées $E \to X \times E$, homotope par une homotopie dont l'image est dans l'ensemble des ϕ_0-applications fibrées, les structures étalées induites sur π par f_0 et f_1 sont équivalentes.

iv) Les trois assertions précédentes restent vraies en remplaçant "structure étalée" par "structure Fredholm".

Ce théorème se déduit simplement des définitions. La démonstration est semblable à celle du théorème 2 faite au paragraphe suivant. Pour une démonstration voir [7].

Corollaires

1- Toute structure Fredholm contient une structure étalée.

2- D'après la propriété (vi) du § 1, le choix d'une double suite (E_n, E^n) de sous-espaces de E vérifiant les conditions ( ) donne une correspondance biunivoque entre $K_c(X,E)$ (ensemble des classes d'équivalence de E-fibrés Fredholm de base X) et $K\tilde{O}(X)$ ($K\tilde{O}$: foncteur représentable de K-théorie réelle.

Notons $[X,\phi_0(E)]$ l'ensemble des classes d'homotopie d'applications de X dans $\phi_0(E)$.

Nous pouvons définir une application notée Ind :

$$\mathrm{Ind} : [X,\phi_0(E)] \to K\tilde{O}(X) .$$

Si E contient un sous-espace E' ayant un supplémentaire topologique tel que GL(E') soit contractile, la suite d'ensemble :

$$0 \to [X,GL(E)] \to [X,\phi_0(E)] \xrightarrow{\mathrm{Ind}} K\tilde{O}(X) \to 0$$

est exacte.

Pour une démonstration, voir [ ].

Si GL(E) est contractile, $[X,\phi_0(E)]$ s'identifie comme ensemble à $K\tilde{O}(X)$.

III - STRUCTURE FREDHOLM ET STRUCTURE ETALEE SUR UNE VARIETE

Dans toute la suite, M désignera une variété différentiable de classe C^P $(P > 1)$ modelée sur E séparable, admettant des partitions de l'unité de classe C^P ; TM désignera le fibré tangent à M .

Définition 9.

Une structure étalée (respectivement une structure Fredholm) de classe C^P sur M est la donnée d'un atlas maximal (U_i, d_i) $(i \in J$ ensemble d'indices) tel que : $\forall\, i\, ,\, j \in J$ l'application $d_j \circ d_i^{-1}$ définie sur $d_i(U_i \cap U_j)$ soit une $L(I_E)$ (respectivement $C(I_E)$) application.

Remarque : Si M admet une structure Fredholm, le fibré tangent à M , TM admet une structure Fredholm.

Définition 10.

Soient M et N deux variétés différentielles de classe C^P modelées sur le même espace E munies d'une structure étalée (respectivement Fredholm). Soient (U_i, d_i) (V_i, h_i) $(i \in J)$ deux atlas maximaux pour ces structures. Une application $fM \to N$ est un morphisme de classe C^P de structure étalée (respectivement Fredholm) si, pour tout couple d'indices (i,j) l'application $h_j\, f\, d_i^{-1}$ est une $L(I)$ (respectivement $C(I)$) application sur l'ouvert où elle est définie.

Définition 11.

Soit f une application de M dans N . f est une ϕ_0-application n ; quel que soit le couple d'indices (i,j) $h_j \circ f \circ d_i^{-1}$ est une ϕ_n-application d'un ouvert de E dans F (en tout point où elle est définie, la différentielle de $h_j \circ f \circ d_i^{-1}$ est un opérateur Fredholm d'indice n).

Théorème 2

Soit M une variété de classe C^P $(P \geq 1)$ modelée sur E .

i) Soit f une ϕ_0-application de classe C^P , $f : M \to E$. Il existe une structure étalée unique sur M notée $\{M,f\}_L$ pour laquelle f est une $L(I)$ application.

ii) Réciproquement, si $\sum_L$ est une structure étalée sur M , il existe une ϕ_0-application de classe C^P, $f\ M \to E$ telle que $\{M, f\}_L = \sum_L$.

iii) Les assertions i) et ii) restent vraies en remplaçant structure étalée par structure Fredholm.

Démonstration

1- Démonstration de i).

Soit x_0 un point de M , (V_i,d_i) une carte telle que $x_0 \in V_i$. Posons

$$\xi_0 = d_i(x_0)$$

$D_{\xi_0}(f \circ d_i^{-1})$ est un opérateur Fredholm d'indice 0 . D'après la propriété iii), il existe des opérateurs u et α tels que :

$$u_0 \in GL(E) \qquad \alpha_0 \in J(E)$$

$$D_{\xi_0}(f \circ d_i^{-1}) = u_0 + \alpha_0 \text{ .}$$

Soit g_0 l'application de $d_i(V_i) \to E$ définie par :

$$g_0(\xi) = f \circ d_i^{-1}(\xi) - \alpha_0\, \xi \text{ .}$$

En ξ_0 la différentielle de g_0 est inversible. Donc g_0

est inversible dans un voisinage de ξ_0 : W_{ξ_0} et $(g_0 \circ d_i)$ est inversible dans un voisinage W_{x_0} de x_0

$$f \circ d_i^{-1} \circ g_0^{-1} = (g_0 + \alpha) \circ g_0^{-1}$$

$$= I_E + \alpha_0 \circ g_0^{-1}$$

L'image de W_{ξ_0} par $\alpha_0 \circ g_0^{-1}$ est contenue dans un sous-espace de dimension finie.

$$D_\xi(f \circ d_i^{-1} \circ g_0^{-1}) = Id + \alpha_\xi$$

où α_ξ est un opérateur de rang fini.

Soit x_1 un deuxième point de M (V_j,d_j) une carte telle que x_1 V_j , $\xi_1 = d_j(x_1)$. La même construction que précédemment donne une application g_1 .

Supposons $W_{x_0} \cap W_{x_1} \neq \phi$

$$g_1 \circ d_j \circ d_i^{-1} \circ g_i^{-1} = (f-\alpha_1) \circ d_i^{-1} \circ g_0^{-1}$$

$$= f \circ d_i^{-1} \circ g_0^{-1} - \alpha_1 \circ d_j \circ d_i^{-1} \circ g_0^{-1} .$$

Donc $g_1 \circ d_j \circ d_i^{-1} \circ g_0^{-1}$ est une L(I) application.
$(W_{x_0}, g_0 \circ d_i)$ est une carte pour une structure étalée sur M et f est une L(I) application pour la structure étalée définie par l'ensemble des cartes $(W_x, g_x \circ d_i)$. Montrons que ii) => i) :

Il existe un atlas dénombrable (V_i,d_i) $i \in J$ pour la structure étalée de M tel que les ouverts V_i forment un recouvrement localement fini de M .

Soit μ_i une partition de l'unité subordonnée à ce recouvrement. Posons $f(x) = \sum \mu_i(x)\ d_i(x)$.

Soit x_0 un point de M ; $x_0 \in V_0$; $d_0(x_0) = \xi_0$.

$$f\ d_0^{-1} = \sum(\mu_i \circ d_0^{-1})\ x\ (d_i \circ d_0^{-1})$$

$$D_{\xi_0}(f \circ d_0^{-1}) = \sum D_{\xi_0}(\mu_i \circ d_0^{-1})\ d_i \circ d_0^{-1}(\xi_0) + \sum(\mu_i \circ d_0^{-1}) D_{\xi_0}(d_i \circ d_0^{-1}$$

Or, $D_{\xi_0}(d_i \circ d_0^{-1}) = I_E + \alpha_i$ où α_i est une application de rang fini

$$\sum \mu_i \circ d_0^{-1} = 1$$

et en tout point tous les μ_i sont nuls sauf un nombre fini.

$$\sum(\mu_i \circ d_0^{-1})\ D_{\xi_0}(d_i \circ d_0^{-1}) = I_E + \alpha$$

où α est un opérateur de rang fini.

$(D_{\xi_0}(\mu_i \circ d_0^{-1}))\ x\ (d_i \circ d_0^{-1}(\xi_0))$ est un opérateur de rang fini.

Donc

$$D_{\xi_0}(f \circ d_0^{-1}) = I_E + \alpha'$$

où α' est un opérateur de rang fini : f est une ϕ_0-application.

iii) => i) :

La démonstration est semblable à celle ci-dessus. Il suffit d'utiliser la propriété ii) des opérateurs Fredholm.

Corollaire

Toute structure Fredholm de classe C^P contient une structure étalée de classe C^P .

Exemples de variétés munies d'une structure réelle

1- Tout ouvert de E .

2- Le produit d'une variété de dimension finie et d'un ouvert de E .

3- Espace de fonctions $C^{r+\alpha}(\Omega)$ (fonctions de classe C^r définies sur un ouvert Ω de R^n dont les $r^{\text{ièmes}}$ dérivées vérifiant uniformément une condition de Holder avec exposant α), domaine de définition d'une application Fredholm associé à une équation aux dérivées partielles non-linéaire, elliptique [6].

Théorème 3

Soit E un espace de Banach admettant des partitions de l'unité de classe C .

Soit M une variété de classe C^P $(P \geq 1)$ modelée sur E .

Soit TM le $GL(E)$-fibré vectoriel tangent à M .

i) Si TM est équivalent à $GL_C(E)$-fibré , M admet une structure Fredholm de classe C^P .

ii) Soit $\pi : \mathcal{E} \to M$ un $GL_C(E)$-fibré équivalent à TM (considéré comme $GL(E)$-fibré) . Il existe un $GL_C(E)$-fibré $\pi' : \mathcal{E}' \to M$ équivalent à π (comme $GL_C(E)$-fibré) et une structure Fredholm sur M telle que le fibré tangent à M pour cette structure Fredholm soit π' .

Démonstration de i) :

Elle est basée sur le lemme local suivant :

Lemme

Soient Ω, Ω_0, Ω_1, Ω_2 quatre ouverts de E tels que

$\bar{\Omega}_0 \subset \Omega_1 \subset \bar{\Omega}_1 \subset \Omega_2 \subset \Omega$. Soit f une application définie sur Ω à valeurs dans E vérifiant les propriétés suivantes :

i) f est de classe C^P .

ii) f est une ϕ_0-application sur Ω_2 .

iii) Il existe une application h continue $\Omega \to \phi_0(E)$ telle que, en tout point x de $\bar{\Omega}_1$

$$h(x) = D_x f \ .$$

Il existe une application $\bar{f}$ de classe C^P définie sur Ω , à valeurs dans E telle que :

i) $\bar{f}$ est une ϕ_0-application sur Ω .

ii) sur $\bar{\Omega}_0$, $\bar{f}$ coïncide avec f .

iii) L'application $D\bar{f}$ $\Omega \to \phi_0(E)$ est homotope à h par une homotopie constante sur $\bar{\Omega}_0$.

<u>Démonstration du Lemme</u> :

Construction de la fonction $\bar{f}$. Il existe un recouvrement ouvert, localement fini de Ω par des ouverts $W_i (i \in N)$ tels que :

$$\Omega_0 \subset W_0 \subset \Omega_2 \qquad W_i \cap \Omega_0 = \phi \quad \text{si} \quad i \geq 1 \ .$$

Soit $\{\mu_i\}$ une partition de l'unité de classe C^∞ subordonnée à ce recouvrement. Soit $\{x_i\}_{i \in N}$ une famille de points de Ω , $x_i \in W_i$. Nous définissons une application $\bar{h}$ $\bar{\Omega} \to \phi_0(E)$

$$\bar{h}(x) = \mu_0(x) \qquad D_x f + \sum_{i=1}^{\infty} \mu_i(x)\ h(x_i) \quad .$$

Nous pouvons supposer les W_i $(i \geq 1)$ choisis assez petits pour que : quel que soit i , il existe un voisinage convexe $\mathcal{W}_i$ de $h(x_i)$ dans $\phi_0(E)$ tel que :

quel que soit x dans W_i , $h(x) \in \mathcal{U}_i$. Quel que soit l'indice j tel que $W_i \cap W_j \neq \phi$: $h(x_j) \in \mathcal{U}_i$, $\bar{h}$ est homotope à h .

$$\text{Posons} \quad \bar{f}(x) = \mu_0(x) \; f(x) + \sum_{i=1}^{\infty} \mu_i(x) \, h(x_i) \cdot x .$$

$$D_x \bar{f} = \bar{h}(x) + g(x)$$

où $g(x) = (D_x \mu_0) \, f(x) + \sum_{i=1}^{\infty} (D_x \mu_i) \, h(x_i) \cdot x$. $g(x)$ est une somme finie d'applications de rang 1, $g(x)$ est un élément de $J(E)$. Donc, quel que soit t , $t \in [0,1]$, $\bar{h}(x) + t \, g(x)$ est un élément de $\phi_0(E)$.

L'application $D\bar{f}$ est homotope à $\bar{h}$. $D\bar{f}$ est homotope à h . On vérifie aisément les propriétés i), ii), iii).

Fin de la démonstration de i) :

D'après le Théorème 1, il existe une ϕ_0-application fibrée $\eta : TM \to M \times E$.

Construisons une ϕ_0-application f de classe C^P , $f \; M \to E$ telle que Tf application déduite de la différentielle de f : $Tf : TM \to M \times E$ soit homotope à η .

Soit (V_i, d_i) un atlas de classe C^P de M tel que les V_i forment un recouvrement dénombrable localement fini de M . Soit (V_i') un recouvrement ouvert dénombrable de M tel que $V_i' \subset V_i$.

Posons $d_i(V_i) = \Omega_i$. Ω_i est un ouvert de E .

L'application η induit une application de V_i dans $\phi_0(E)$ donc une application $h_i \; \Omega_i \to \phi_0(E)$.

Soit x_0 un point de Ω_0 et appliquons le lemme en considérant la fonction h définie sur Ω_0 (on suppose que l'ouvert Ω_2 considéré dans le lemme est vide).

Nous définissons ainsi une application $\hat{f}_0$ $\Omega_0 \to E$.

Posons

$$f_0 = \hat{f}_0 \circ d_0 .$$

Tf_0 est homotope à η sur V_0 .

Par induction, supposons définie sur $U_0 \cup \ldots \cup U_n$ une ϕ_0-application $f_n : U_0 \cup \ldots \cup U_n \to E$ telle que Tf_n soit homotope à η sur l'ouvert de définition. Posons

$$\hat{f}_n = f_n \circ d_{n+1} .$$

$\hat{f}_n$ est définie sur un ouvert de Ω_{n+1} . On applique à $\hat{f}_n$ le lemme. On en déduit une ϕ_0-application $\hat{f}_{n+1}$ qui coïncide avec $\hat{f}_n$ sur $d_{n+1}[(\overline{U}'_0 \cup \ldots \cup \overline{U}'_n) \cap U_{n+1}]$ et telle que $D\hat{f}_n$ soit homotope à h_n . Posons

$$f_{n+1} = \hat{f}_{n+1} \circ d_{n+1} .$$

Le recouvrement par les U'_n étant localement fini, la suite $\hat{f}_n$ se stabilise en tout point.

L'application $f : f = \lim f_n$ est l'application cherchée.

<u>Démonstration de ii)</u>

D'après le Théorème 1, il existe une ϕ_0-application fibrée η $E \to M \times E$.

TM étant GL(E) équivalent à E , on déduit de η_0 une ϕ_0-application fibrée :

$$\eta' \quad TM \to M \times E .$$

De η' , nous déduisons par la construction précédente une ϕ_0-application $f\ M \to E$ telle que Tf soit homotope à η' .

D'après l'assertion iv) du Théorème 1, il existe sur M une structure Fredholm $\{M,f\}_C$ pour laquelle f est une $C(I)$-application.

Les ϕ_0-applications homotopes η' et Tf définissent sur TM la même $GL_C(E)$ structure qui est celle de tn fibré tangent à M muni de la structure Fredholm $\{M,f\}_C$.

Soit $\pi'\ E' \to M$ le $GL_C(E)$ fibré tangent à $\{M,f\}_C$.
π et π' sont $GL_C(E)$ équivalents.

<u>Corollaire</u>

Si $GL(E)$ est contractile, l'application

$$\{\text{Structure Fredholm sur } M \text{ est surjective}\} \overset{Ⓜ}{\to} K\,\tilde{O}(M) .$$

L'application Ⓜ est celle qui,à une structure Fredholm sur M , associe la classe du $GL_C(E)$ fibré tangent à M pour cette structure.

<u>Démonstration</u> :

Si $GL(E)$ est contractile, tout $GL(E)$ fibré de base M est équivalent à un $GL_C(E)$ fibré.

IV - THEOREME DE PLONGEMENT OUVERT [4]

Dans tout ce paragraphe, nous supposerons que l'espace de Banach E vérifie les conditions suivantes (conditions O.E) a) et b).

a) E admet une norme de classe C^∞ sur $E-\{0\}$.

b) E admet une base de Schauder.

Théorème 4 (Théorème de plongement ouvert)

Soit $f : M \to E$ une ϕ_0-application de classe C^∞ telle que $T\{M;f\}_C$ soit trivial. Si f est propre et bornée, il existe une application localement de dimension finie $\alpha : M \to E$ telle que $f + \alpha$ soit un plongement ouvert de M dans E .

Démonstration du Théorème 4 :

Soit ℓ_i $(i \in N)$ une base de Schauder de E .

Soit E_n le sous-espace de dimension n de E engendré par $\ell_1 \dots \ell_n$.

Soit E^n le sous-espace fermé de E engendré par les vecteurs ℓ_i , $i > n$.

D'après un théorème de Smale [ ], il existe un élément y_0 de E telle que l'application f' définie par $f'(x) = f(x) + y_0$ soit transversale à E_n pour tout entier n . Nous supposerons désormais f transversale à E_n pour tout entier n .

$f^{-1}(E_n)$ est une sous-variété fermée compacte de M de dimension n . Posons

$$f^{-1}(E_n) = M_n \qquad M_n \quad M_{n+1} .$$

$\bigcup_{n \in N} M_n$ est dense dans M (et même homotopiquement équivalent à M d'après [ ]) .

Nous allons construire une suite d'ouverts Z_n tels que

Z_n est un voisinage de M_n

$Z_n \subset Z_{n+1}$ $\quad \bigcup_{n \in N} Z_n = M$.

Nous construirons une suite de plongements ϕ_n

$\phi_n\ Z_n \to E$ tels que ϕ_{n+1} coïncide avec ϕ_n sur Z_n

$\phi = \lim \phi_n$ est le plongement cherché.

La construction des Z_n se fait en plusieurs étapes.

1- Définition et construction d'un atlas fortement étalé

W étant un ouvert de M , nous noterons $n(W)$ la borne inférieure de l'ensemble des n tels que $W \cap M_n \neq \phi$.

Soit (U_i,d_i) $(i \in N)$ un atlas de M pour la structure étalée $\{M,f\}_L$. (U_i,d_i) est un atlas fortement étalé si les conditions suivantes sont remplies :

i) Les $\{U_i\}$ $(i \in N)$ forment un recouvrement ouvert dénombrable fini étalé de M (il existe un nombre fini de U_j rencontrant un U_i donné).

ii) $d_i \circ d_j^{-1} = I_E + \alpha_{ij}$.

$$\alpha_{ij}(d_j(U_i \cap U_j)) \subset E_{n(U_i)} \ .$$

iii) $f \circ d_j^{-1} = I_E + \alpha_j$.

$$\alpha_j(d_j(U_j)) \subset E_{n(U_j)} \ .$$

iv) Soit $n \geq n(W_j)$ et z un élément de E

$$E\, d_j^{-1}(z + E_n) = W_j \cap f^{-1}(z + E_n) .$$

Démonstration de l'existence d'un tel atlas : tout point x de M admet un voisinage U_x , $\forall\, n \geq n(U_x)$ l'application $D_x f$ soit transversale à E_n .

Posons $m = n(U_x)$.

Soit π^m la projection sur E^m .

L'application $D_x(\pi^m \circ f)$ est surjective. On en déduit un homéomorphisme $\delta_x : U_x \to E_m \times E^m$. On vérifie que si U_x a été choisi assez petit, les homéomorphismes $\delta_x (x \in M)$ vérifient les conditions ii), iii) et iv). Du recouvrement par les U_x nous pouvons extraire un recouvrement dénombrable. Il existe un recouvrement ouvert plus fin vérifiant les conditions de 1).

2- Construction de voisinages tubulaires à l'aide d'une application exponentielle.

Soit $\{\mu_i\}$ une partition de l'unité sur M subordonnée au recouvrement ouvert défini par un atlas fortement étalé.

Considérons sur TM le champ de vecteur σ obtenu en recollant, grâce à la partition de l'unité $\{\mu_i\}$ les champs de vecteurs triviaux sur chaque $U_i \times E$

$$\sigma \quad TM \to TTM .$$

Dans une carte locale, (U_i, d_i) , soit σ_i la restriction de σ

$$\sigma_i : d_i(U_i) \times E \to U_i \times E \times E \times E$$

$$\sigma_i(x,v) = (x,v,v,\ \xi_i(x,v)) \ .$$

Soit s_j le champ de vecteur trivial sur U_j

$$s_j(x,v) = (x,v,v,0) \ .$$

D'après les formules de changement de carte ii) dans la carte $(U_i,d_i) \in s_j$ s'exprime sous la forme :

$$s_{ij}(x,v) = (x + \alpha_{ij}(x),\ v + D_x\alpha_{ij}(v),\ v + D_x\alpha_{ij}(v),\ D_x^2\alpha_{ij}(v,v))$$

$$D_x^2\ \alpha_{ij}\ (v,v) \in E_n(U_i) \ .$$

Donc $\xi_i(x,v)$ est de la forme

$$\sum \mu_j\ D_x^2\ \alpha_{ij}(v,v)$$

$$\xi_i(x,v) \in E_n(U_i) \ .$$

Considérons l'application exponentielle exp obtenue en intégrant le champ de vecteur . Dans une carte locale, $\exp_x$ est définie sur un ouvert $\mathcal{D}_i$ de $d_i(U_i) \times E$

$$\exp_x\ \mathcal{D}_i \to d_i(U_i)$$

$$\exp_x(x,v) = x + v + \gamma_i(x,v)$$

$$\gamma_i(x,v) \in E_n(U_i) \ .$$

Construction de voisinages tubulaires de M_n à l'aide de l'application exp .

Lemme 1

Il existe une application fibrée S

$$S : M \times E \to TM$$

telle que l'application S^n restriction de S à $M_n \times E^n$ soit une trivialisation du fibré normal à M_n dans $M, v(M_n)$.

Démonstration :

On considère les applications S_i :

$$S_i : W_i \times E \to T(W_i)$$

$$S_i(x,v) = (T_x\, d_i^{-1})\ (v) .$$

L'application S est obtenue en recollant les applications S_i grâce à la partition de l'unité $\{\mu_i\}$. D'après ii) et iv), on vérifie que si $x \in M_n$ et $v \in E^n$, la classe (modulo TM_n) de $(T_x\, d_i^{-1})\ (v)$ est la classe de v . S est l'application cherchée.

Posons $T_n = \exp S_n$.

T_n est définie sur un voisinage de la section nulle du fibré trivial $M_n \times E^n$.

Lemme 2

Il existe une fonction continue $r\ M \to R^+$ définie sur M , à valeurs dans l'ensemble des réels strictement positifs, telle que, quel que soit n , l'application T_n soit définie sur $M_n \times rE^n$. (rE^n désigne l'ensemble des vecteurs v de E^n tels que $|v| < r$).

Idée de la démonstration : Dans une carte (U_{x_0}, d_{x_0}) au voisinage d'un point $(x_0, 0)$, l'application T_n est de la forme :

$$T_n(x,v) = x + v + \beta_i(x,v) ,$$

ou l'image de β_i est situé dans un sous-espace de dimension finie.

$$D_x \beta_i(x,0) = 0 .$$

Donc, pour v assez petit, $D_x \beta_i$ est petit et l'application T_n est injective. On peut donc définir un élément ρ_{x_0} tel que T_n soit injective sur $U_{x_0} \cap (M_n \times \rho_{x_0} E^n)$. On montre que ρ_{x_0} est indépendant de n ; en utilisant une partition de l'unité sur M on peut donc définir la fonction **r** .

Définitions

Soit X_n le voisinage tubulaire de M_n image par T_n de $M_n \times r(x) E^n$.

Soit $\boxed{\tilde{Z}_n = \bigcap_{m \geq n} X_m}$ $\boxed{Z_n = \text{Intérieur } \tilde{Z}_n}$

Remarque

$\tilde{Z}_n \subset \tilde{Z}_{n+1}$. Donc $Z_n \subset Z_{n+1}$. Z_n n'est pas un voisinage tubulaire de M_n au sens propre de ce terme. Nous dirons que Z_n est un voisinage de "type tubulaire".

Lemme 3

$$M = \bigcup_{n \in N} Z_n .$$

Démonstration

Montrons, par l'absurde, que $\bigcup_{n \in N} \tilde{Z}_n = M$. Supposons qu'il existe un point x tel que $x \notin \bigcup_{n \in N} \tilde{Z}_n$. Donc il existe une suite infinie d'entiers m_i tels que $x \notin X_{m_i}$.

Raisonnons dans l'image par une carte locale d'un voisinage U_x de x (pour simplifier les notations nous identifions un point à son image). Soit ε_i la distance de x à M_{m_i} dans la carte locale considérée. Il existe un point x_i de $U_x \cap M_{m_i}$ tel que : $d(x,x_i) < 2\,\varepsilon_i$.

Il existe un point p_i du segment $[x,x_i]$ appartenant à X_{m_i} tel que : $p_i = x_i + v_i + \gamma_i(x_i,v_i)$ (v_i est un vecteur de E^{m_i}) et $|v_i| = \frac{r(r_i)}{2}$.

D'après l'expression de l'application exponentielle, il existe un entier n , indépendant de i tel que l'image de γ_i soit contenue dans E_n . $\cup M_n$ est dense dans M . Donc $\lim\limits_{i\to\infty} \varepsilon_i = 0$.

Par projection sur E^n et sur E_n , on déduit qu'il existe une suite $\{i_p\}$ extraite de la suite $\{i\}$ telle que :

$$\lim_{p\to\infty} |v_{i_p}| = 0 \qquad\qquad r(x) = \lim_{p\to\infty} r(x_{i_p}) = 0 \quad .$$

D'où une contradiction.

Le même raisonnement montre qu'il existe un voisinage de x contenu dans tous les X_m à partir d'un certain rang. Donc $M = \bigcup_{n\in N} Z_n$.

3- Construction du plongement

Posons $D_n = T_n^{-1}(Z_n)$.

D_n est un voisinage de la section nulle du fibré trivial $M_r \times E^n$.

Soit j_n l'inclusion de Z_n dans Z_{n+1} , j_n induit une application $\ell_n\; D_n \to D_{n+1}$, telle que le diagramme suivant soit commutatif.

$$\begin{array}{ccc} D_{n+1} & \xrightarrow{T_{n+1}} & Z_{n+1} \\ \uparrow {\scriptstyle \ell_n} & & \uparrow {\scriptstyle j_n} \\ D_n & \xrightarrow{T_n} & Z_n \end{array}$$

L'application ℓ_n est de la forme : $\ell_n(x,v) = (\lambda_n(x,v), \pi^{n+1}v)$ où $\lambda_n(x,v)$ est un élément de M_{n+1}

$$\lambda_n(x,0) = x$$

$\pi^{n+1}v$ est la projection de v sur E^{n+1}. A tout entier n , nous associons un entier $\overline{n}$, et nous construisons, par induction, une suite de plongements ϕ_n

$$\phi_n : D_n \to E_{\overline{n}} \times E^{\overline{n}} \ .$$

Posons $\phi_n(x,v) = (\psi_n(x,v), \pi^{\overline{n}}v)$. ϕ_{n+1} se déduit de ϕ_n de la manière suivante. Posons

$$V_n = T_n^{-1} \ j_n^{-1}(M_{n+1} \ j_n(Z_n)) \ .$$

V_n est un ouvert de M_{n+1} . La restriction de ϕ_n à V_n est un plongement d'un ouvert de M_{n+1} dans E . On étend cette application en un plongement de M_{n+1} dans E . En appliquant un théorème d'isotopie des voisinages tubulaires [ ]: on étend le plongement en un plongement d'un voisinage tubulaire de M_{n+1} dans E de sorte que le diagramme suivant commute :

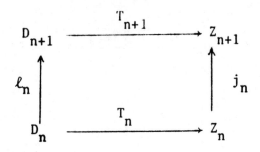

$$
\begin{array}{ccc}
D_{n+1} & \xrightarrow{\ \phi_{n+1}\ } & E_{\overline{n+1}} \times E^{\overline{n+1}} \\
\uparrow \ell_n & & \uparrow \mu_n \\
D_n & \xrightarrow{\ \phi_n\ } & E_{\overline{n}} \times E^{\overline{n}}
\end{array}
$$

L'application μ_n est induite par l'identité $E \to E$.

Posons

$$\phi_n = \phi_n \ T_n^{-1}$$

$$\phi = \lim_{n \to \infty} \phi_n \quad .$$

Au voisinage de tout point, il existe n tel que $\phi = \phi_n$. ϕ est le plongement ouvert cherché.

Remarque

Nous avons utilisé la trivialisation de $T\{M,f\}_L$ uniquement dans ce dernier paragraphe pour construire les plongements ϕ_n .

Lemme 4

Si E satisfait les conditions OE et si le fibré tangent TM à la variété M , de classe C^∞ modelé sur E est trivial, il existe une ϕ_0-application **f** de classe C^∞ de M dans E propre et bornée.

Démonstration

TM étant trivial, il existe d'après le théorème 3, une ϕ_0-application f de classe C^∞

$$f : M \to E .$$

Soit π la projection $E \to E^1$ parallèlement à E_1 l'application $\pi \circ f$ est une ϕ_0-application de classe C^∞, $M \to E^1$.

D'après le théorème des fonctions implicites, tout point x admet un voisinage V_x tel que la restriction de f à $\overline{V}_x$ soit propre.

Du recouvrement par les U_x, nous pouvons estimer un recouvrement dénombrable, localement fini par des ouverts (U_i) $(i \in N)$.

Il existe un recouvrement ouvert localement fini par des ouverts (V_i) $(i \in N)$ tels que $\overline{V}_i \in U_i$. Il existe une fonction de classe C^∞ λ_i

$$\lambda_i \quad M \to R \qquad \begin{cases} \lambda_i(x) = 1 & \text{si} \quad x \in \overline{V}_i \\ \lambda_i(x) = 0 & \text{si} \quad x \notin U_i \end{cases}.$$

Posons $\lambda(x) = \sum_{i \in N} \lambda_i(x)$.

Identifions $E^1 \oplus R$ avec E et considérons l'application $\overline{f} : \overline{f} = \pi \quad f + \lambda$

$$\overline{f} : M \to E$$

$\overline{f}$ est une application propre.

Il existe une sphère $\sum$ de centre p dans $E \times R$ telle que $\sum$ ne rencontre pas l'image de M par $\overline{f}$. D'après le théorème de Bessaga, il existe un difféomorphisme ϕ $E \times R \to E \times R - \{p\}$.

Soit j une inversion de centre p laissant fixe la sphère $\sum$ et échangeant l'intérieur et l'extérieur de $\sum$. Considérons l'application

$$\hat{f} = j \ \phi \ f$$

On vérifie que $\hat{f}$ est l'application cherchée.

Corollaire 1

Soit E un espace de Banach vérifiant les conditions O.E et tel que GL(E) soit contractile, toute variété de classe C^∞ modelée sur E est difféomorphe à un ouvert de E .

Corollaire 2

Si une variété parallélisable étalée modelée sur un espace E vérifiant les conditions O E admet une L(I)-application bornée dans E elle admet un L(I) plongement ouvert dans E .

Remarque

Le problème suivant est ouvert. Existe-t-il une L(I)-application propre et bornée de E dans E ?

V - THEOREME DE STABILITE [5]

Dans tout ce paragraphe, nous supposerons que E est l'espace ℓ_2 .

Proposition 1

Soient M et N deux variétés de classe C modelées sur E .

Soient f_0 et f_1 deux plongements fermés de codimension infinie, homotopes de M dans N . Il existe une isotopie de classe C^∞ de N•F "couvrant" l'homotopie donnée.

Plus explicitement

$$F : \quad N \times [0,1] \to N \times [0,1]$$

$$F(f_0(x),1) = (f_1(x),1)$$

$$F(y,0) = (y,0) \quad .$$

Démonstration

1) Supposons $f_0(M)$ et $f_1(M)$ disjoints. Considérons l'application $f : M \times [0,1] \to N$ qui réalise l'homotopie entre f_0 et f_1 . Il existe un plongement h de classe C^∞ homotope à f

$$h : M \times [0,1] \to N$$

et tel que

$$h(x,0) = f_0(x)$$

$$h(x,1) = f_1(x) \quad .$$

D'après le théorème 4, N est difféomorphe à un ouvert de E par un difféomorphisme ϕ . Dans toute la suite, nous supposerons que N est un ouvert de E .

Considérons, d'autre part, comme au paragraphe précédent, une famille de sous-variétés N_n de N (N_n est de dimension n) ; soit Z_n un voisinage tubulaire ouvert de N_n tel que :

$$Z_n \subset Z_{n+1} \qquad \bigcup_{n \in N} Z_n = N \quad .$$

Nous appellerons partie finie de N toute partie de N contenue dans un Z_n .

Il existe un recouvrement dénombrable, localement fini de M par des ouverts W_i $(i \in N)$ tels que h restreint à $\overline{W_i}$ soit un plongement fermé et tel que $h(W_i)$ soit une partie finie de N .

Soit $\{V_i\}$ un recouvrement ouvert dénombrable localement fini de M tel que $\overline{V_i} \subset W_i$. Nous construisons, par induction, une suite de plongements h_j tels que

i) $h_j(W_i)$ soit une partie finie de N , quel que soit i ,

ii) $h_j(\overline{V_j}) \cap Z_{j-1} = \phi$,

iii) $h_j = h_{j-1}$ en dehors de W_j et sur $M \times \{0\}$ et $M \times \{1\}$,

iv) h_j est homotope à h_{j-1} .

Posons $\overline{h} = \lim h_j$. $\overline{h}$ est un plongement fermé. Nous pouvons appliquer à $\overline{h}$ le théorème d'isotopie ambiante de Hirsch [ ].

2) Supposons $f_0(M) \cap f_1(M) \neq \phi$.
Soit T l'injection canonique

$T : E \to E \times E \qquad (T(x) = (x,0))$.

a) Supposons f_0 et f_1 sont des $L(T)$ applications.

Par une simple généralisation du théorème de Whitney en dimension finie [ ] f_1 est homotope à un plongement f_2 de M dans N tel que :

$$f_2(M) \cap f_0(M) = \phi$$
$$f_2(M) \cap f_1(M) = \phi \quad .$$

En appliquant deux fois la construction précédente, nous obtenons l'isotopie cherchée.

b) Cas général.

Nous nous ramenons au cas précédent en appliquant un théorème d'approximation d'un plongement par un L(T) plongement [7].

Théorème 5 (Théorème de stabilité)

Soit M un ouvert de E , M est C^∞-difféomorphe à M x E .

Corollaire

Toute variété M de classe C^∞ modelée sur E est difféomorphe à M x E .

Ce corollaire est une conséquence directe des théorèmes 4 et 5.

Démonstration du théorème 5

Nous considérons les sous-variétés de dimension finie M_n de M construites pour la démonstration du théorème 4 (dans ce cas particulier, $M_n = M \cap E_n$) .

Soit, comme précédemment, X_n le voisinage tubulaire de M_n image par l'application T_n de $M_n \times r(x) F^n$ (l'application T_n est induite par l'application triviale $E_n \times E^n \to E$). Posons

$$U_n = \bigcup_{m \leq n} X_m \qquad M = \bigcup_n U_n$$

U_n est un voisinage tubulaire de M_n au sens propre du terme.

$$U_n \subset U_{n+1}$$

Il existe un entier ρ_n tel que $U_n = T_n^{-1}(M_n \times \rho_n E^n)$.
Construisons par l'induction une suite de difféomorphismes d_n :

$$d_n \quad U_n \to U_n \times E$$

tels que d_{n+1} coïncide avec d_n sur U_n .

Supposons défini d_n ; soit ρ_n l'application déduite de d_n :

$$\rho_n : U_n \to M_n \times \rho_n E^n \times E \quad .$$

Soit i_n l'inclusion naturelle de $U_n \to U_{n+1}$.

Soit γ_{n+1} le difféomorphisme

$$\gamma_{n+1} \quad U_{n+1} \to M_{n+1} \times \rho_{n+1} E^{n+1} \times E$$

déduit du difféomorphisme canonique $E^{n+1} \times E \to E^{n+1}$.

Il existe une application h_n définie de manière unique, telle que le diagramme suivant soit commutatif.

$$\begin{array}{ccc}
U_n & \xrightarrow{\delta_n} & M_n \times \rho_n E^n \times E \\
\Big\downarrow{\scriptstyle i_n} & & \Big\downarrow{\scriptstyle h_n} \\
U_{n+1} & \xrightarrow{\delta_{n+1}} & M_{n+1} \times \rho_{n+1} E^{n+1} \times E
\end{array}$$

La restriction de h_n à $M_n \times \{0\} \times \{0\}$ est un plongement fermé homotope à l'inclusion induite par i_n .

D'après la proposition 1, il existe une isotopie ambiante ϕ_n :

$$\phi_n(h_n(x,0,0),1) = i_n(x)$$

quel que soit x , élément de M_n .

L'application $\phi_n(h_n,1)$ définit un voisinage tubulaire de M_n dans $M_n \times \rho_{n+1} E^{n+1} \times E$.

Après avoir réduit un peu les ouverts U_n nous pouvons appliquer le théorème d'isotopie des voisinages tubulaires. Il existe une isotopie ψ_n telle que le diagramme suivant soit commutatif.

$$\begin{array}{ccc}
U_n & \xrightarrow{\delta_n} & M_n \times \rho_n \times E^n \times E \\
\Big\downarrow{\scriptstyle i_n} & & \Big\downarrow{\scriptstyle i_n \times id} \\
U_{n+1} & \xrightarrow{\psi_n^1 \circ \phi_n^1 \circ \tilde{\delta}_{n+1}} & M_{n+1} \times \rho_{n+1} \times E^{n+1} \times E
\end{array}$$

où $\psi_n^1(x) = \psi_n(x,1)$

$\phi_n^1(x) = \phi_n(x,1)$.

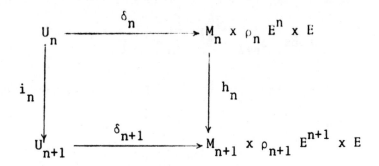

Posons $\delta_{n+1} = \psi_n^1 \circ \phi_n^1 \circ \tilde{\delta}_{n+1}$.

L'application d_{n+1} est l'application canonique déduite de δ_{n+1} . Posons

$$d = \lim_{n\to\infty} d_n .$$

D'après la construction des d_n , d est un difféomorphisme $M \to M \times E$.

<u>Proposition 2</u>

Soit F un espace de Banach admettant une base. Soit E l'espace de Banach $F \times \ell_2$.

Soit M un ouvert de E , M est C^∞-difféomorphe à $M \times \ell_2$.

<u>Démonstration</u>

Soit $\{\ell_n\}$ $(n \in N)$ une base de F .

ℓ_2 est isomorphe à la somme directe d'une famille dénombrable d'espaces, chacun isomorphe à ℓ_2 .

$$\ell_2 = F_1 \oplus F_2 \oplus \dots \qquad F_i \simeq \ell_2 .$$

Soit E_n l'espace engendré par F_n et $\ell_1, \ell_2, \dots, \ell_n$. Posons $M_n = E_n \cap M$.

M_n est une variété de classe C^∞ modelée sur ℓ_2 .

Considérons les voisinages tubulaires U_n de M_n construits comme dans la démonstration du théorème 4.

De la même manière que précédemment, on construit une suite de difféomorphismes d_n $M_n \to M_n \times \ell_2$.

$d = \lim_{n\to\infty} d_n$ est le difféomorphisme cherché.

Corollaire

Soient M et N deux variétés de classe C parallélisables modelées sur un espace E satisfaisant les conditions O•E et tel que E soit isomorphe à $E \times \ell_2$.

Toute équivalence d'homotopie entre M et N est homotope à un difféomorphisme.

La démonstration est une simple généralisatrice au cas de variétés de dimension infinie d'une démonstration due à Mazur [11].

BIBLIOGRAPHIE

[1] BONIC, R., FRAMPTON, J. & TROMBA, A., "Λ-manifolds and Fredholm maps", en préparation.

[2] EELLS, J., "Fredholm structures", Proceeding Symposium on non linear functional analysis. A.M.S. Chicago, 1967.

[3] EELLS, J. & ELWORTHY, K.D., "On the differential topology of Hilbertian manifolds".

[4] EELLS, J. & ELWORTHY, K.D., "Open embeddings of certain Banach manifolds". A paraître dans "Annals of Mathematics".

[5] ELWORTHY, K.D., "Embeddings, isotopy and stability of Banach manifolds". En préparation.

[6] ELWORTHY, K.D. & TROMBA, A., "Degree theory on Banach manifolds". Proceeding Symposium on non linear functional analysis. A.M.S. Chicago, 1967.

[7] ELWORTHY, K.D. & TROMBA, A., "Fredholm maps and differential structure on Banach manifolds". Proceedings Summer Institute on Global Analysis (1968), A.M.S. Berkeley.

[8] NEUBAUER, G., "On a class of sequence spaces with contractile linear group". Notes University of California", Berkeley, 1967.

[9] PALAIS, R., "Homotopy theory of infinite dimensional manifolds", Notes Brandeis University, 1967.

[10] PALAIS, R., "On the homotopy type of certain groups of operators", Topology 3 (1965), pp. 271-279.

[11] KUIPER, N.H. & BURGHELEA, D., "Hilbert manifolds". A paraître aux "Annals of Mathematics".

C^1 - APPROXIMATION DE FONCTIONS DIFFÉRENTIABLES DE CLASSE C^1 SUR UN ESPACE DE HILBERT

par Nicole MOULIS

Introduction.

Dans tout cet exposé, E désignera un espace de Hilbert séparable de dimension infinie, muni d'une base orthonormale $e_1, e_2, \ldots, e_n, \ldots$

Théorème fondamental: Soit Ω un ouvert de E, F un espace de Banach; l'ensemble des applications de classe C^∞ de Ω dans F est dense dans l'ensemble des applications de classe C^1 de Ω dans F, muni de la topologie fine $C^1(\Omega,F)$.

Dans la première partie, nous démontrons ce théorème en utilisant le théorème connu dans le cas où E est un espace de dimension finie. La démonstration se fait en deux étapes; en démontrant d'abord un lemme local, puis en recollant les approximations de classe C^∞ obtenues localement grâce à certaines partitions de l'unité.

Dans la deuxième partie, nous donnons quelques applications de ce théorème qui sont de simples généralisations des théorèmes connus en dimension finie [4].

I - *Démonstration du théorème fondamental.*

Tout au cours de la démonstration, nous utiliserons comme outil la fonction ϕ de $\mathbb{R}^+$ dans $\mathbb{R}$ dont le graphe est représenté ci-contre

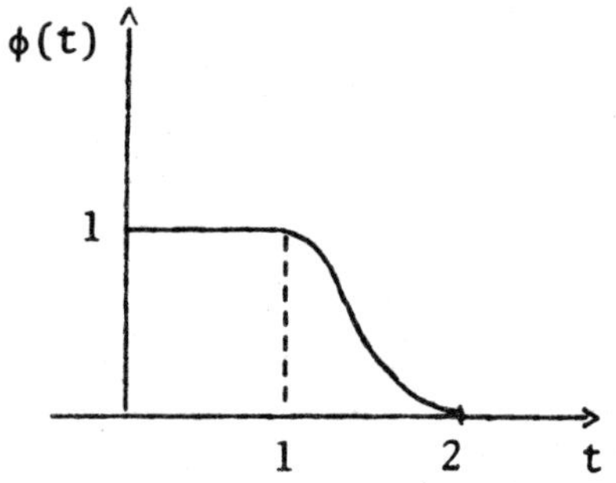

ϕ est de classe C^∞

si $t \leqslant 1$ $\quad \phi(t) = 1$

si $t \geqslant 2$ $\quad \phi(t) = 0$

ϕ est décroissante au sens large $|\phi'(t)| <$

Lemme local: Soit f une fonction de classe C^1 définie sur E, à valeurs dans F. Nous supposons qu'il existe une boule B_o, centrée à l'origine et un nombre positif η tel que:

$$\sup_{x \in B_o} \|Df(x)\| < \eta$$

quel que soit $\varepsilon > 0$, il existe une fonction $\overline{f}$ de classe C^∞ définie sur E, à valeurs dans F telle que:

(i) $\quad \sup_{x \in B_o} |f(x) - \overline{f}(x)| < \varepsilon$

(ii) $\quad \sup_{x \in B_o} \|D\overline{f}(x)\| < k\eta$

où k est une constante indépendante de ε et de η.

Démonstration: Nous allons construire la fonction $\overline{f}$ comme limite d'une suite de fonctions $\{\overline{f}_n\}$, suite qui se stabilise en tout point.

Chacune des fonctions $\overline{f}_n$ est construite en appliquant le théorème d'approximation connu en dimension finie.

Soit E_n l'espace engendré par les vecteurs de base e_i $1 \leqslant i \leqslant n$.

Soit E^n l'espace engendré par les vecteurs de base e_i $i > n$.

Soit π_n la projection orthogonale sur E_n.

Soit π^n la projection orthogonale sur E^n.

Posons
$$T_n = \{x;\ x \in E,\ |\pi^n(x)| < \frac{\varepsilon}{2\eta}\}$$
$$T'_n = \{x;\ x \in E,\ |\pi^n(x)| < \frac{\varepsilon}{4\eta}\}$$

(Par extension, nous noterons T_o et T'_o deux boules centrées à l'origine de rayons respectifs $\frac{\varepsilon}{2\eta}$ et $\frac{\varepsilon}{4\eta}$).

$T_n \subset T_{n+1}$ $\quad T'_n \subset T'_{n+1}$

$$\bigcup_{n \in N} T_n = \bigcup_{n \in N} T'_n = E\ .$$

Soit χ_n une fonction de classe C^∞ égale à 1 sur T'_n, 0 en dehors de T_n. Plus précisément, nous posons:

$$\chi_n(x) = \phi[16\eta^2 \sum_{i > n} x_i^2]$$

(x_i est la composante de x sur e_i $x_i = x.e_i$).

<u>Par induction, nous construisons une suite de fonctions</u> $\overline{f}_n$.

Posons $\overline{f}_o(x) = f(e_o)$.

Soit i_{n+1} l'injection de E_{n+1} dans E. Il existe une fonction f_{n+1} définie sur E_{n+1}, de classe C^∞ possédant les propriétés suivantes:

a) $\sup\limits_{x\in E_{n+1}} |f_{n+1}(x)-f(x)| < \frac{\varepsilon}{2}$

b) $\sup\limits_{x\in E_{n+1}} \| Df_{n+1}(x)-D(f \circ i_{n+1})(x) \| < \eta$.

Posons

$$\boxed{\overline{f}_{n+1}(x) = \chi_n(x)\ \overline{f}_n(\pi_{n+1}(x)) + (1-\chi_n(x))\ f_{n+1}(\pi_{n+1}(x))}$$

<u>Propriétés des fonctions</u> $\overline{f}_n$:

1) $\overline{f}_n$ est de classe C^∞.

2) Sur T'_n $\overline{f}_{n+1}(x) = \overline{f}_n(\pi_{n+1}(x))$

$$\pi_{n+2} \circ \pi_{n+1} = \pi_{n+1} .$$

Donc sur T'_n $\overline{f}_p(x) = \overline{f}_{n+1}(x)$ $\forall p > n+1$.

La suite de fonctions $\overline{f}_n$ est constante au voisinage de tout point à partir d'un certain rang.

En dehors de T_n $\overline{f}_{n+1}(x) = f_{n+1}(\pi_{n+1}(x))$.

$\overline{f}_{n+1}$ coïncide avec f_{n+1} sur $E_{n+1} \cap \complement T_n$.

3) Les inégalités suivantes sont vraies et leur démonstration, par récurrence est une simple conséquence des définitions.

a) $\sup_{x \in T_n \cap B_o} |\overline{f}_n(x)-f(x)| < \varepsilon$

b) $\sup_{x \in T_n \cap B_o} |\overline{f}_n(\pi_{n+1}(x))-f(x)| < \varepsilon$

c) $D\overline{f}_n(x) = L_n(x) + \sum_{i \in N} \lambda_{in}(x)\ x_i\ e_i^*$

c_o) $L_n(x)$ est un élément de $L(E,F)$ espace des applications linéaires continues de E dans F.

$$\sup_{x \in T_n \cap B_o} \| L_n(x) \| < 2\eta .$$

c_1) $\lambda_{in}(x)$ est le vecteur de F

x_i est un nombre réel composante de x sur e_i

e_i^* est le vecteur dual de e_i.

($\lambda_{in}(x)\ x_i\ e_i^*$ est un élément de $L(E,F)$ qui à tout vecteur u de E associe le vecteur de F: $\lambda_{in}(x)\ x_i\ u_i$; u_i étant la composante de u sur e_i

$$i \leqslant n \qquad \sup_{x \in T_n \cap B_o} |\lambda_{in}(x)| < 2k_1 \frac{n^2}{\varepsilon}$$

$$i > n \qquad \sup_{x \in T_n \cap B_o} |\lambda_{in}(x)| < k_1 \frac{n^2}{\varepsilon}$$

(k_1 est une constante)

$$i < n \qquad x \notin T_i \qquad \lambda_{in}(x) = 0 .$$

Posons

$$\boxed{\overline{f}(x) = \lim_{n\to\infty} \overline{f}_n(x)}$$

D'après la propriété 2) $\overline{f}$ est une fonction de classe C^∞ définie sur E.

D'après les propriétés 3 a) et 3 b)

(i) $\sup\limits_{x\in B_o} |\overline{f}(x)-f(x)| < \varepsilon.$

D'après les inégalités 3 c)

(ii) $\sup\limits_{x\in B_o} \|D\overline{f}(x)\| < 2\eta + k_1\,\eta .$

En posant $k = 2 + k_1$, le lemme local est démontré.

<u>Fin de la démonstration du théorème fondamental.</u>

Soit Ω un ouvert de E, soit ε une application continue de Ω dans l'ensemble des réels strictement positifs.

f étant une fonction de classe C^1 définie sur Ω à valeurs dans un espace de Banach F, nous allons construire une fonction g de classe C^∞ de Ω dans F telle que:

$$\forall x \in \Omega \qquad \text{(i)} \quad |f(x)-g(x)| < \varepsilon(x)$$

$$\text{(ii)} \quad \|Df(x)-Dg(x)\| < \varepsilon(x).$$

Nous admettons le lemme suivant dont la démonstration est facile.

Lemme: Pour tout point x de Ω, il existe une boule $B'(x)$ de centre x et de rayon $\rho'(x)$ contenue dans Ω telle que:

a) $$\sup_{(y,y')\in B'(x)} |\varepsilon(y)-\varepsilon(y')| < \inf_{z\in B'(x)} \frac{\varepsilon(z)}{2}$$

b) $$\sup_{(y,y')\in B'(x)} \|Df(y)-Df(y')\| < \inf_{z\in B'(x)} \varepsilon(z)$$

c) si $B'(x) \cap B'(y) \neq \emptyset$ $\quad \frac{1}{4} < \frac{\rho'(x)}{\rho'(y)} < 4$

d) $\sup_{x\in\Omega} \rho'(x) < 2.$

Soit $B(x,\rho(x))$ la boule de centre x et de rayon $\rho(x) = \frac{\rho'(x)}{2}$.
Il existe un recouvrement dénombrable de Ω par des boules $B_n = B(a_n,\rho(a_n))$.

Soit $B'_n = B(a_n,\rho'(a_n))$.

Posons $\varepsilon_n = \varepsilon(a_n)$.

Constructions d'une fonction g de classe C^∞ "proche" de f.

Considérons les fonctions ϕ_n définies sur E, à valeurs dans R.

$$\phi_n(x) = \phi \frac{|x-a_n|}{\rho_n}$$

ϕ_n est de classe C^∞ égale à 1 sur B_n, égale à 0 en dehors de B'_n.
Considérons les fonctions linéaires:

$$\underline{\ell_n(x) = f(a_n) + Df(a_n).(x-a_n)}$$

$$\sup_{x\in B'_n} \|D\ell_n(x) - Df(x)\| < \varepsilon_n$$

A la fonction $(f-\ell_n)$, nous pouvons appliquer sur B'_n le lemme local:
Il existe une fonction δ_n, de classe C^∞ telle que:

a) $\sup_{x\in B'_n} |f(x)-\ell_n(x)-\delta_n(x)| < 2^{-n} \varepsilon_n \rho_n$

b) $\sup_{x\in B'_n} \|Df(x)-D\ell_n(x)-D\delta_n(x)\| < k\varepsilon_n$.

Posons

$$\underline{\tilde{f}_n(x) = \delta_n(x) + \ell_n(x)} \ .$$

Nous définissons une suite de fonctions g_n:

$$\boxed{g_n = f + \phi_1(\tilde{f}_1-f) + \phi_2(1-\phi_1)(\tilde{f}_2-f) + \dots + \phi_n(1-\phi_{n-1})(1-\phi_1)(\tilde{f}_n-f)}$$

Les fonctions g_n vérifient les propriétés suivantes:

[P_1] <u>La suite g_n se stabilise</u>.

Les boules B_n recouvrent tout l'espace.

Soit x un point de E, il existe un entier n et un voisinage de x $V(x)$ tel que: $V(x) \subset B_n$.

En tout point y de $V(x)$ $\phi_n(y) = 1$.

Donc $\forall p \geqslant n$ $g_p(y) = g_n(y)$.

A partir d'un certain rang la suite y_p est constante en tout point de $V(x)$.

[P_2] <u>Sur</u> B_n, g_n <u>est de classe</u> C^∞.

Posons, par récurrence sur l'entier p, la récurrence se faisant suivant les valeurs décroissantes de p:

$$\begin{cases} h^n_{p-1} = \phi_p(\tilde{f}_p - f) + (1-\phi_p)h^n_p \\ h^n_n = 0 . \end{cases}$$

On démontre par récurrence que

$h^n_p + f$ est de classe C^∞ pour $1 \leqslant p \leqslant n-1$

$g_n = h^n_1 + f$ est de classe C^∞.

[P_3] <u>Il existe une constante</u> k_2 <u>indépendante de</u> n <u>telle que</u>:

$$\boxed{\sup_{x \in B_n} |g_n(x) - f(x)| < k_2\, \varepsilon_n}$$

[P_4] <u>Il existe une constante</u> k_3 (<u>indépendante de</u> n) <u>telle que</u>:

$$\boxed{\sup_{x \in B_n} \|Dg_n(x) - Df(x)\| < k_3\, \varepsilon_n}$$

La démonstration des propriétés $[P_3]$ et $[P_4]$ se fait par récurrence sur p en utilisant les fonctions h_p^n .

Posons

$$\boxed{g = \lim_{n\to\infty} g_n} \quad .$$

D'après $[P_1]$ g est bien définie.

Des propriétés $[P_2]$, $[P_3]$, $[P_4]$, nous déduisons les propriétés $[P'_2]$, $[P'_3]$, $[P'_4]$

$[P'_2]$ g est de classe C^∞

$[P'_3]$ $\sup_{x\in\Omega} |g(x)-f(x)| < k'_2\ \varepsilon(x)$

$[P'_4]$ $\sup_{x\in\Omega} \|Dg(x)-Df(x)\| < k'_4\ \varepsilon(x)$

où k'_2 et k'_4 sont deux constantes indépendantes de la fonction ε. La fonction ε pouvant être choisie arbitrairement proche de 0, le théorème est démontré.

<u>Remarques</u>.

Soit E un espace de Banach séparable admettant une norme de classe C^α $(\alpha > 1)$ sur $E - \{0\}$. [1]

Supposons que, dans E le lemme local soit vrai, la fonction $\overline{f}$ étant de classe C^α.

L'ensemble des applications de classe C d'un ouvert Ω de E dans F est dense dans l'espace des applications de classe C^1

muni de la topologie fine. (La démonstration de la fin du théorème est exactement la même). De légères modifications de la démonstration donnée, permettent de prouver le lemme local pour les espaces c_o et ℓ_p.

II - *Applications*.

Théorème 1. Soient M et N deux variétés différentiables de classe C^∞ modelées respectivement sur E et F ; l'espace des applications de M dans N (respectivement des immersions, respectivement des plongements) de classe C^∞ est dense dans l'espace des applications de M dans N (respectivement des immersions, respectivement des plongements) de classe C^1 muni de la C^1-topologie fine $C^1(M,N)$.

Théorème 2. Soit Σ une structure de classe C^1 sur une variété M modelée sur E. Σ contient une structure Σ^∞ de classe C^∞.

D'après [3], il existe un plongement fermé de classe C^1 f de M dans E. On approche au sens de la topologie C^1 le plongement f par un plongement g fermé de classe C^1 tel que f(M) soit munie d'une structure de classe C^∞ [4].

Théorème 3. Soit N' une sous variété de classe C^∞ de codimension finie de N; l'ensemble des applications de classe C^∞ de M dans N transversales à N' est dense dans l'ensemble des applications de classe C^1 de M dans N muni de la topologie fine.

Supposons que l'espace F considéré dans le théorème fondamental soit de dimension finie. La fonction g construite est une fonction de Sard.

(Au voisinage d'un point de E, l'ensemble des valeurs prises par f est égal à l'ensemble des valeurs prises par la restriction de f à un sous-espace de dimension finie).

La fin de la démonstration est analogue à celle faite dans [2].

Bibliographie

[1] R. BONIC et J. FRAMPTON, "Smooth functions on Banach Manifolds". Journal of Mathematics and Mechanics, 15 (1966) pp.877-895.

[2] J. EELLS et J. MAC ALPIN, "An approximate Morse-Sard theorem". Journal of Mathematics and Mechanics, 17 (1967) pp.1055-1064.

[3] N.H. KUIPER et B. TERPSTRA, "Differentiable closed embeddings of Banach manifolds". A paraître.

[4] J.R. MUNKRES, "Elementary differential Topology". Annals of Mathematics Studies, no.54 (1963).

THE ALGEBRAIC TOPOLOGY OF FREDHOLM MANIFOLDS

by Kalyan K. MUKHERJEA

In these lectures, I shall indicate how the standard algebraic topological machinery which is used in studying finite-dimensional manifolds can be adapted to the category of smooth Fredholm manifolds and their proper, smooth Fredholm maps. We use this machinery in establishing a "Lefschetz coincidence-point theorem" - a tool which should be of use in the study of nonlinear elliptic problems. But I do not have any concrete applications and feel compelled to repeat Eells' plea that attention be given to situations where the Lefschetz fixed (or coincidence) point index is something different from ± 1 or 0.

In Section 1, I discuss the decomposition of a Fredholm manifold into finite-dimensional submanifolds. This decomposition is crucial for developing our algebraic topological machinery. It is also the starting point of Eells and Elworthy's study of open embeddings and stability of Banach manifolds. (See Elworthy's lectures in these Proceedings).

In Section 2, I outline how to construct finite-codimensional extraordinary cohomology theories on Fredholm manifolds. I have used here a suggestion of Dan Burghelea and omitted explicit use of Poincaré duality from my definitions. This reduces the proof of some results to "abstract nonsense" about cohomology theories and besides may prove to have considerable technical advantages. The special case of ordinary cohomology is treated in detail in [3].

In Section 3, I develop a theory of degree of Fredholm maps and the coincidence theorem.

§1. The decomposition theorems.

Let M be a Fredholm manifold modelled on ∞-dimensional Hilbert space E.* The following decomposition theorems constitute the foundations of the theory of Fredholm manifolds:

THEOREM 1.1: There exists a sequence $\{M_K\}_{K\geq n}$ of finite dimensional closed submanifolds such that:

(i) $\dim M_K = K$; $M_K \subset M_{K+1}$.

(ii) $M_K \to M_{K+1}$ has trivial normal bundle and $M_K \to M$ has trivial normal bundle.

(iii) $\cup_{K\geq n} M_K$ is dense in M.

(iv) If $M_\infty = \cup_{K\geq n} M_K$ with the weak topology, the natural inclusion map $M_\infty \to M$ is a homotopy equivalence.

THEOREM 1.2: There exists a sequence $\{M_K\}_{K\geq n}$ as in Theorem 1 such that:

There exist tubular neighborhoods Z_K of M_K in M and open sets $U_K \subset Z_K$ such that:

---

* All manifolds will be connected, separable, paracompact and C^∞. All maps will be C^∞. See Elworthy's lectures for basic definitions and results.

(i) $U_K \subset U_{K+1}$.

(ii) $\bigcup_{k \geq n} U_K = M$.

Before we embark on a sketch of the proof let me make a few remarks:

Theorem 1.1 and Theorem 1.2 are analogous results, the first belonging to homotopy theory, the second to differential topology. Given a decomposition as in Theorem 1.1, the homotopy type of M is determined and hence according to Kuiper and Burghelea also the diffeomorphy type of M. Theorem 1.2 says that the C^∞-structure is determined by the "simplest" kind of open sets associated with $\{M_K\}$ - namely open subsets of $M_K \times E^{\infty-K}$ where $E^{\infty-K} \subset E$ is a K-codimensional closed linear subspace.

The proofs are long and technical. So I shall go through the easier parts; in particular demonstrate a particularly nice way of constructing the M_K's.

Choose a double sequence of closed linear subspaces

$$E_1 \subset E_2 \subset \ldots \subset E^n \subset \ldots \subset E$$

$$E \supset E^{\infty-1} \supset E^{\infty-2} \supset E^{\infty-n} \supset \ldots$$

Such that:

(1) $\dim E_n = n$, codim. $E^{\infty-n} = n$.

(2) $\bigcup_n E_n$ is dense in E.

(3) We have isomorphisms $E_n \oplus E^{\infty-n} \cong E$.

We call such a system a flag in E. (N.B.: Since E has a basis, we can always construct flags.)

Let $f: M \to E$ be a C^∞, Fredholm map of index zero associated with the Fredholm structure of M. (See Elworthy's lectures.)

Let $f_p: M \to E$ (for $p \in E$) be the map defined by:

$$f_p(x) = f(x) + p$$

and let E_f be the set of p in E such that f_p is transverse regular to each E_n of our flag.

THEOREM (F. QUINN): E_f is residual in E i.e. E_f is a countable intersection of open dense sets of E.

COROLLARY. In particular, by Baire's theorem, $E_f \neq \emptyset$.

Proof. This follows immediately from the transverality theory in the context of representations (see [5]); but I include an elementary proof.

Let $\pi_n: E \to E^{\infty-n}$ be the projection. Then Ker. $\pi_n = E_n$. $\pi_n \circ f: M \to E^{\infty-n}$ is a C^∞, Fredholm map of index n. Hence the regular values, V_n, of $\pi_n \circ f$ are residual in $E^{\infty-n}$. (See Smale, [6]). Hence, $\pi_n^{-1}(V_n) = U_n$ is residual in E. If $p \in U_n$, $\pi_n \circ f_{(-p)}$ is regular at the origin, i.e. f_{-p} is transverse regular to Ker. $\pi_n = E_n$. Hence if $p \in \bigcap_n U_n$, $f_{(-p)}$ is transverse regular to all the E_n. But a countable intersection of residual sets is residual. q.e.d.

Now if $f\colon M \to E$ is a C^{∞}, Fredholm map of index zero, associated with the Fredholm structure of M, we may assume without loss of generality that f is transverse regular to all the E_n's.

Let $M_n = f^{-1}(E_n)$. Then M_n (if nonempty) is a clodes n-dimensional manifold and the normal bundles $\nu(M_n \to M_{n+1})$ and $\nu(M_n \to M)$ are isomorphic to $f^*(\nu(E_n \to E_{n+1}))$ and $f^*(\nu(E_n \to E))$ and hence are trivial.

It is an easy exercise to show that $\cup M_n$ is dense in M and hence not all the M_n's are empty. Moreover M_n has the homotopy type of a CW-complex (see Milnor's notes on Morse theory, p. 153). So to complete the proof of Theorem 1, it suffices to show that the inclusion $M_{\infty} \to M$ induces an isomorphism

$$\pi_n(M_{\infty}) \to \pi_n(M) \quad \text{for all} \quad n \geq 0.$$

This would follow immediately from Theorem 2. The construction of the tubular neighborhoods Z_n and the open sets U_n is a complicated affair (see [2], [4]) and I shall not dwell on this.

Remarks. 1. Elworthy has shown that if M is a Fredholm manifold, there is always a proper, Fredholm map of index zero, $f\colon M \to E$. So by composing with Bessaga's map, we can construct a bounded, proper Fredholm map $g\colon M \to E$. (This map need not be associated with the original Fredholm structure). If we now construct the decomposition $\{M_n\}$ associated with g, the M_n's will be compact manifolds.

2. If $f: M \to N$ is a Fredholm map, we can construct decompositions $\{M_m\}$, $\{N_n\}$ such that $f: M_m \to N_{m-K}$ (K = index f) and $\nu(M_m, M_{m-1}) = M_m \times \mathbb{R}^1$

$$\nu(M_m, M) = M_m \times E^{\infty-m} .$$

This is easily proven in the same way as Quinn's theorem.

3. If $\{M_K\}$ is a decomposition of a Fredholm manifold M, constructed as outlined, it will be called a <u>Fredholm filtration of M</u>.

It can be shown that if M is simply-connected and $\{M_K\}$ a Fredholm filtration, then all the M_K's are orientable (see [4]). I shall assume, from now on that M is simply-connected and thus avoid the necessity of using twisted coefficients.

§2. <u>The theory $h^{\infty-*}$</u>.

Let $\{h^n\}_{n\geq 0}$, $\{h_n\}_{n\geq 0}$ be a generalized (reduced) cohomology and homology theory on the category of compact spaces, obtained from a spectrum S. For most application h^* is either singular cohomology or an appropriate cobordism theory. (As a general reference for this section, see Dyer [1]).

Let M be a Fredholm manifold with a Fredholm filtration by compact manifolds $\{M_n\}$. Define $\alpha_n: h^{n-i}(M_n) \to h^{n+1-i}(M_{n+1})$ as follows: Let ν_n be a tubular neighborhood of M_n in M_{n+1}; $\overline{\nu}_n \equiv \mathrm{Cl}.\, \overline{\nu}_n$ and $\dot{\nu}_n = \overline{\nu}_n - \nu_n$. ν_n can be identified with the normal bundle of M_n in M_{n+1};

hence $\nu_n \cong M_n \times \mathbb{R}$. Now a trivial bundle is orientable in any cohomology theory and hence we have a Thom isomorphism

$$\Sigma : h^{n-i}(M_n) \to h^{n+1-i}(\bar{\nu}_n/\dot{\nu}_n) .$$

The collapsing map $(M_{n+1},*) \to (\bar{\nu}_n/\dot{\nu}_n,*)$ induces a map $h^*(\bar{\nu}_n,\dot{\nu}_n) \to h^*(M_{n+1})$. Composing with Σ we get

$$\alpha_n : h^{n-i}(M_n) \to h^{n+1-i}(M_{n+1}) .$$

Then $\{h^{n-i}(M_n);\alpha_n\}$ constitutes a direct system of groups. We define its limit to be $h^{\infty-i}(M)$.

Remark. 1. Note Σ^{-1} is just the suspension homomorphism; but the identification of Σ^{-1} with the Thom isomorphism is useful in shortening the proof of 2.2.

2. α_n is the "umkehrungshomomorphismus" induced by $M_n \to M_{n+1}$.

THEOREM 2.1: If $\{h_*\}$ is singular homology or oriented or unoriented bordism, $h^{\infty-*}(M)$ is independent of the compact filtrations chosen to define the groups, $h^{\infty-*}$.

If the Fredholm filtrations are all compact and associated with a Fredholm structure that is almost complex (resp. parallelisable) then $h^{\infty-*}$ is again independent, where h_* is complex bordism (resp. framed bordism). Moreover, $h^{\infty-n}(M) \cong h_n(M)$, under these conditions. This isomorphism is called Poincaré duality.

Proof. The hypothesis ensure that the filtering manifolds are h^*-orientable. Then α_n may be alternatively defined as the composition:

$$h^{n-i}(M_n) \underset{\mathcal{D}}{\overset{\cong}{\to}} h_i(M_n) \to h_i(M_{n+1}) \underset{\mathcal{D}}{\overset{\cong}{\leftarrow}} h^{n+1-i}(M_{n+1})$$

where $\mathcal{D}$ denotes Poincaré duality (see Dyer). Then

$$h^{\infty-i}(M) \cong \varinjlim_n h^{n-i}(M_n) \cong \varinjlim_n h_i(M_n) \cong h_i(M)$$

since the homology theories under consideration are compactly supported and commute with the direct limit. q.e.d.

THEOREM 2.2: Let $f: M \to N$ be a C^∞, proper Fredholm map of index p. Then there are induced maps:

$$f^{\infty-*} : h^{\infty-i}(N) \to h^{\infty-(i+p)}(M)$$

and $f^{\infty-*}$ is functorial.

Proof. Choose compact filtrations $\{N_j\}$ of N such that f is transversal to each N_j. Let $M_{j+p} = f^{-1}(N_j)$. M_{j+p} is a $(j+p)$-dimensional manifold and is a Fredholm filtration of the structure induced on M by f. Moreover, if μ_n (resp. ν_n) is the normal bundle of M_n (resp. N_n) in M_{n+1} (resp. N_{n+1}), $(f|M_n)^*(\nu_n) = \mu_n$.

Hence, the following is commutative:

$$
\begin{array}{ccccc}
h^{n-i}(N_n) & \underset{\Sigma}{\overset{\cong}{\to}} & h^{n+1-i}(\bar{\nu}_n/\dot{\nu}_n) & \to & h^{n+1-i}(N_{n+1}) \\
\Big\downarrow f^* & (1) & \Big\downarrow f^* & (2) & \Big\downarrow \\
\cong h^{n-i}(M_{n+p}) & \to & h^{n+1-i}(\bar{\mu}_n/\dot{\mu}_n) & \to & h^{n+1-i}(M_{n+p+1}) \cong \\
\wr\Vert & & & & \wr\Vert \\
h^{(n+p)-(i+p)}(M_{n+p}) & & & & h^{(n+p+1)-(i+p)}(M_{n+p+1})
\end{array}
$$

Square (1) commutes because of the naturality of the Thom isomorphism and (2) commutes since f commutes with the collapsing map outside the tubular neighborhoods. Thus f induces a map of direct systems and hence induces

$$f^{\infty-*} : h^{\infty-i}(N) \to h^{\infty-(i+p)}(M) .$$

Functoriality is trivial. q.e.d.

I haven't been able to show the independence of $f^{\infty-*}$ on the filtrations chosen. However, we have the partial result:

<u>PROPOSITION 2.3:</u> Suppose the Fredholm structures of N and M (M has the structure induced from N by f) is:

(1) orientable

(2) almost complex

(3) parallelisable.

Let $f_! : h_i(N) \to h_{i+K}(M)$ be the composition

$$h_i(N) \overset{\cong}{\to} h^{\infty-i}(N) \xrightarrow{f^{\infty-*}} h^{\infty-(i+K)}(M) \overset{\cong}{\to} h_{i+K}(M) .$$

where h_* is (1) oriented bordism

(2) complex bordism

(3) framed bordism.

Then $f_!$ is independent of the filtrations chosen to define $f^{\infty-*}$.

If h_* is unoriented bordism, $f_!$ is always independent of the filtrations.

Proof. Under the conditions $f_!$ may be defined alternatively as follows:

Suppose $i: X^n \to M$ represents $\alpha \in h_n(M)$, X a compact n-manifold. We may assume w.l.o.g. that i is a differentiable imbedding and that i and f are transversal. Then $f^{-1}(X^n)$ is an (n+p)-manifold with appropriate structure on its stable tangent bundle. The bordism class of $f^{-1}(X^n)$ is equal to $f_!(\alpha)$. q.e.d.

§3. Degree; coincidence theorems.

Using appropriate bordism theories one can obtain a degree theory for proper, Fredholm maps. (See Elworthy's thesis, for a description without using our cohomological formulation.) I will consider only maps of index zero and recover an oriented degree theory. I also give one example of the advantages of using a cohomological set-up. Let $H^{\infty-*}$ be dual to the singular homology groups H_*.

Definition: Let $f: M \to N$ be a C^∞, proper, Fredholm map of index zero. Let μ, ν be generators of $H^{\infty-0}(M)$ and $H^{\infty-0}(N)$ dual to a point with unit multiplicity. Then we define $d(f)$, the degree of f, by

$$f^{\infty-*}(\nu) = d(f) \cdot \mu .$$

Applying the usual formula for degree of a differentiable map, to the filtrations one immediately obtains:

PROPOSITION 3.1. Let $f: M \to N$ be a proper C^{∞}-Fredholm map of index zero. Let p N be a regular value of f and $q_1,\ldots,q_m$ its pre-images. Let $\varepsilon_i = +1$ if $Df(q_i)$ is in $GC^{+}(E)$ with respect to trivialisations obtained using the Fredholm structure of N and that induced on M by f, and $\varepsilon_i = -1$ otherwise.

Then, $d(f) = \Sigma_{i=1}^{m} \varepsilon_i$

Remark. This shows that up to sign, degree is independent of the filtrations used to define $f^{\infty-*}$. This formula was taken to be the definition of degree by Elworthy and Tromba.

As an application of this machinery I prove:

THEOREM 3.2: Let $f: M \to N$ be a C^{∞}, proper Fredholm map of index zero and suppose M is contractible. If $d(f) = \pm 1$, then N is also contractible.

Proof. We first prove an analogue of Hopf's theorem: Let $\tilde{f}: H^{\infty-*}(N) \to H^{\infty-*}(N)$ be defined by the composition:

$$H^{\infty-*}(N) \xrightarrow[f^{\infty-*}]{} H^{\infty-*}(M) \overset{\mathcal{D}}{\underset{\cong}{\to}} H_*(M) \xrightarrow[f_*]{} H_*(N) \xrightarrow[\mathcal{D}^{-1}]{\cong} H^{\infty-*}(N).$$

Then for all $\alpha \in H^{\infty-*}(N)$, $\tilde{f}(\alpha) = d(f) \cdot \alpha$.

One need prove this only for maps $f: X \to Y$ where X, Y are oriented n-dimensional manifolds. This becomes an easy exercise of manipulating cup and cap-products when one recalls that $\mathfrak{D}$ is given by cap-product with the fundamental class.

Then, the hypothesis implies, $\tilde{f}$ is an isomorphism. Hence, $f_*: H_*(M) \to H_*(N)$ is onto i.e. $H_p(N) = 0$ for $p \geq 1$.

So, by Whitehead's theorem and Hurewicz's theorem it suffices to show that $\pi_1(N) = 0$.

But for suitably chosen Fredholm filtrations, $\{M_n\}$ and $\{M_n\}$, $f: M_n \to N_n$ has degree ± 1 and hence by a theorem of Epstein,

$$f_*: \pi_1(M_n) \to \pi_1(N_n) \quad \text{is onto.}$$

Hence taking $\varinjlim$: we get:

$$f_*: \pi_1(M) \to \pi_1(N) \quad \text{is onto,}$$

i.e. $\pi_1(N) \cong 0$. q.e.d.

Lastly, we state the coincidence theorem; its proof is reduced immediately to the finite dimensional theorem applied to the filtrations.

<u>THEOREM 3.3</u>: Let $f,g: M \to N$ be maps into a Fredholm manifold N such that:

(1) f is a C^∞, proper Fredholm map of index zero.

(2) $gM \subset N$ is compact.

Let $\Theta_p(f,g)$ be the composition:

$$H_*(M;\mathbb{Q}) \xrightarrow{g_*} H_*(N;\mathbb{Q}) \overset{\cong}{\to} H^{\infty-*}(N;\mathbb{Q}) \xrightarrow{f^{\infty-}} H^{\infty-*}(M;\mathbb{Q}) \overset{\cong}{\to} H_p(M;\mathbb{Q})$$

where $\mathbb{Q} \equiv$ rational numbers.

Then $L(f,g) = \Sigma_{p\geq 0} (-1)^p \text{ Tr. } \Theta_p(f,g)$ is defined. If $L(f,g) \neq 0$, there is an $x \in M$ such that $f(x) = g(x)$.

Moreover, if the coincidence points are isolated one can attach indices to them whose sum is equal to $L(f,g)$. (See [3]).

Examples: 1. If $d(f) \neq 0$, f has coincidence with every constant map. (This is of course obvious from Proposition 3.1.)

2. If $M \equiv N$ and $f \equiv$ identity of M, we get back the Lefschetz fixed point theorem.

BIBLIOGRAPHY

1. E. Dyer: Cohomology Theories; Benjamin Inc., 1969.

2. Eells and Elworthy: Open embeddings of certain Banach manifolds; to appear.

3. K.K. Mukherjea: Cohomology theory for Banach manifolds; to appear.

4. ____________ : The homotopy type of Fredholm manifolds; to appear.

5. F. Quinn: Transversality theorems for Banach manifolds; Proceedings of the Berkeley Conference on Global Analysis; Summer 1968.

6. S. Smale: An infinite dimensional version of Sard's theorem: Amer. J. Math., vol. 87, 1965, pp. 861-866.

This work was supported in part by NSF Grant #GP-11476.

A NOTE ON LOCALLY TRIVIAL FIBRATIONS

by N. PRAKASH

In a recent paper* [1] Eells and Earle have obtained conditions under which a differentiable map which foliates a given differentiable manifold X modelled on Banach Space, defines a locally trivial fibration over it.

Recall that : (2.3)

A surjective c'-map f from a differentiable manifold X to Y is said to foliate X if the induced map (differential of f) $f_*(x) : T_x(X) \to T_{f(x)}(Y)$ at every $x \in X$ is surjective and its Kernel Ker. $f_*(x)$ is a direct summand of $T_x(X)$.

A continuous surjective map $Q : X \to Y$ is locally trivial with fiber F if for every $y \in Y$ there exists a neighbourhood V and a homeomorphism ψ such that the following diagram

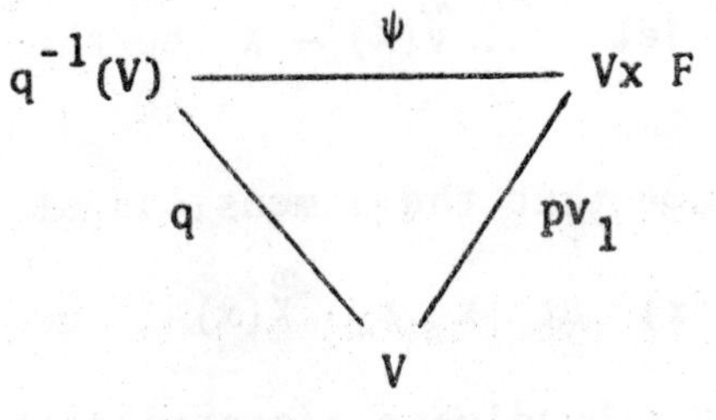

(fig. 1)

is commutative.

For finite dimensional spaces (3) there are several conditions which ensure such locally trivial fibrations. In the above paper results have been established by avoiding the finite dimensionality restrictions.

---

* Numbers in brackets stand for references at the end.

In these papers Topological space underlying the differentiable manifold is paracompact, hence a metric can always be introduced, but in a more general case it may not be possible to define a suitable metric.

In the present note we study an approach to this kind of problem via media the bundle of vectoroids. By varying the notion of foliation to suit the general setting we show that such a foliation on a differentiable manifold (which is not necessarily paracompact and is therefore free from metric restrictions) defines a locally trivial fibration.

§ 1 -

To make the note self-contained we briefly describe the bundle of vectoroids [4, 5, 6] erected over a base space.

Let X denote an arbitrary differentiable manifold modelled on a Banach-manifold, and $\tilde{v}(X)$ be the bundle of vectoroids (vector bundle) over X , and let $\pi : \tilde{v}(X) \to X$ be the bundle projection.

We assume that the dimensions of fibers of $\tilde{v}(X)$ is N and denote fiber $\pi^{-1}(x)$ at x by $\tilde{X}(x)$. Now it is known that the generic point of this vector bundle is a contravariant (or a covariant) vectoroid $U^A(t_A)$, which for change of coordinate system from (x) to (x') in X obeys the following transitional law

$$U'^A(x') = a_B^A(x',x) \ U^B(x)$$

$$t'_A(x') = a_A^B(x,x') \ t_B(x) \qquad (A,B = 1,2,\ldots,N)$$

The symbols $a_B^A(x'x)$ are the matrices belonging to the collection $\{a_B^A(x',x)\}$ which defines the matric structure subjected to consistency properties :

1- $$a_B^A(x'',x')\ a_C^B(x',x) = a_C^A(x'',x)$$

2- $$a_B^A(x,x) = \delta_B^A \quad .$$

Similarly $a_A^B(x,x')$ belongs to $\{a_A^B(x,x')\}$. It may be noted that with any of these two structures one can associate another structure, called their dual and defined by :

3- $$\bar{a}_B^A(x',x) = a_A^B(x,x')$$
$$\bar{a}_B^A(x,x') = a_A^B(x',x)$$

Evidently the covariant vectoroid for one is contravariant vectoroid for another.

The Kronecker product of s-matrix structures

$$\{a_{B_r}^{A_r}(x,r')\} \qquad r = 1,2,\ldots,s$$

which are not necessarily related and whose dimensions are $N_1,N_2,\ldots,N_s$ is again a matrix structure. If a covariant vectoroid pertaining to it be denoted by $t_{A_1A_2,\ldots,A_s}$ then it obeys the law of transformation

$$t'_{A_1A_2\ldots A_s} = a_{A_1}^{B_1}(x,x')\ a_{A_2}^{B_2}(x,x')\ldots\ a_{A_s}^{B_s}(x,x')\ t_{B_1B_2\ldots B_s}$$

The entity $t_{A_1A_2\ldots A_s}$ is alternatively called a covariant tensoroid. In particular the Kronecker product of $\{a_B^A(x,x')\}$ with itself gives a covariant vectoroid g_{AB} or a tensoroid of type $(0,2)$ whose components are N^2 in number.

With the help of tensoroid g_{AB} we define a scalar valued function over $\tilde{v}(X)$ which is denoted by $|\ |$, thus every vectoroid U is mapped to $|U| = g_{AB}U^A U^B$ which is sometimes denoted by $g(U,U)$.

A vectoroid U satisfying $|U| = 0$ is called a null vectoroid. We also define a symmetric bilinear map, so that the pair (U,V) is carried to $g_{AB}U^A V^B$. It may be noted that $|\ |$ does not define a metric or a norm in the fiber, we therefore say that the function $|\ |$ defines a pseudo-norm.

When vectoroid $U = \{U^A\}$ belongs to the fiber $\tilde{X}(x)$ we will sometimes denote $|U|$ by $g_x(U,U)$. We also assume the existence of a group Γ of one to one continuous transformations, whose action on X has the following property : underlying set of X (which is not necessarily compact or paracompact) admits a compact set X^o such that corresponding to any point $x_0 \in X$. There is an element γ_0 in Γ which carries x_0 to a point $(\gamma_0 x_0)$ in X^0.

A continuous function (scalar, vectoroid or tensoroid) f defined on X is said to be almost penodic relative to the given group Γ if every infinite sequence $\{\gamma_n\}$ of elements in Γ admits a subsequence $\{\gamma_{n_p}\}$, such that any point x_0 in X has a neighbourhood U, in which

$$f(\gamma_{n_p} x_0) \text{ converges uniformly.}$$

§ 2 -

We introduce the notion of foliation in this new situation in the following manner.

Let X and Y be two differentiable manifolds modelled on Banach spaces.

Let $\pi_1 : \tilde{v}(X) \to X$ and $\pi_2 : \overline{v}(Y) \to Y$ be bundles of vectoroids of fiber dimensions N_1 and N_2 $(N_1 > N_2)$.

Suppose f is a given surjective C^1-map from X to Y , then a surjective map $\tilde{f} : \overline{v}(X) \to \overline{v}(Y)$ is defined under the assumption that $(\tilde{f},f) : (\tilde{v}(X),\pi_1,X) \to (\tilde{v}(Y),\pi_2,Y)$ is a bundle morphism or equivalently the diagram

$$\begin{array}{ccc} \tilde{v}(X) & \xrightarrow{\ f\ } & \tilde{v}(Y) \\ \downarrow{\scriptstyle \pi_1} & & \downarrow{\scriptstyle \pi_2} \\ X & \xrightarrow[\ f\ ]{} & Y \end{array} \qquad \text{(fig. 2}$$

is commutative.

<u>Definition</u>

We say that a surjective C^1-map f semi-foliates X if at every point $x \in X$ the map $\tilde{f}_x : \overline{X}(x) \to \overline{Y}(f(x))$ is surjective and is such that Kernel $\operatorname{Ker} \tilde{f}_x$ is a direct summand of $\overline{X}(x)$.

<u>Remark</u> : Since $\overline{X}(x)$ and $\overline{Y}(f(x))$ are finite dimensional, the direct summand condition will immediately follow, once a map $\tilde{f} : \overline{v}(X) \to \overline{v}(Y)$ is available so that $(\overline{f},f)$ defines the bundle morphism.

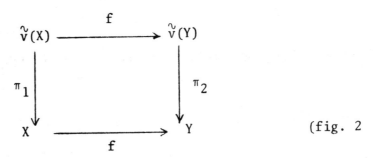

If we look upon the triple (X,f,Y) as a fiber bundle and assume that fiber product of (X,f,Y) and $(\overline{v}(Y),\pi_2,Y)$ exists ; in other words we assume that the following diagram is valid

$$\begin{array}{ccc} X\times_Y\overline{v}(Y) & \longrightarrow & \overline{v}(Y) \\ \phi \downarrow & & \downarrow \pi_2 \\ X & \longrightarrow & Y \end{array} \qquad \text{(fig. 3)}$$

then the mapping ϕ is the pullback of π_2 by f , we denote it by $f^*(\pi_2)$ and $X\times_Y\overline{v}(Y)$ by $f^*(\overline{v}(Y))$. It may be recalled that :

$$f^*(\overline{v}(Y)) = \{(x,\overline{Y}(y)) \in X\times\overline{v}(Y) \; : \; f(x) = \pi_2(\overline{Y}(y))\}.$$

Definition

A pseudo-normed structure on X is a continuous assignment of function $|\;| \equiv g$ to each fiber $\overline{X}(x)$ at $x \in X$: a differentiable manifold X together with such a structure is denoted by (X,g) and is called a pseudo-normed manifold. A manifold (X,g) will be described as complete if g is an almost periodic tensoroid relative to some given group Γ on X .

If (X,g) and (Y,h) are pseudo-normed manifolds and $f : X \to Y$ is a C^1-map which semi-foliates X then if $f^*(\pi_2) : f^*(\overline{v}(Y) \to X$ denotes the vector bundle over X obtained by pulling back $\overline{v}(Y)$ by f and K is the subbundle of $\overline{v}(X)$ whose fiber over x is $K_x = \text{Ker } f_x$, then the exact sequence

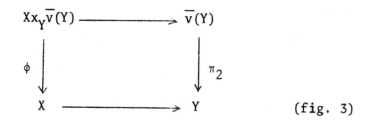

(I) $\qquad 0 \to K \to \overline{v}(X) \to f^*\overline{v}(Y) \to 0$

admits locally lipscitz splittings, i.e. bundle maps $s : f^*(\overline{v}(Y)) \to \overline{v}(X)$ are locally Lipschitz, continuous and linear in each fiber and are such that $\tilde{f}_x \cdot s$ is the identity map on $\overline{Y}(f(x))$ for all $x \in X$.

Definition

Splitting s is said to be bounded locally over Y if for each $y_0 \in Y$ there is a number $\eta_0 > 0$ and a neighbourhood V_0 of y_0 such that $|s(x)|_x < \eta_0$ for all $x \in f^{-1}(Y_0)$ where

$$|s(x)|_x = \sup \{g_x(s(x)U)/h_{f(x)}U : U \neq 0 \text{ in } \overline{Y}(f(x))\}$$

We now state the theorem which is the main aim of this paper ; and indicate the lines of proof in next section.

THEOREM

Let (X,g) and (Y,h) be two pseudo-normed differentiable manifolds modelled on Banach space and suppose that (X,g) is complete. Let $f : X \to Y$ be a surjective C^1-map which semifoliates X . Then if there is a locally lipschitz splitting of the sequence (I) which is bounded locally over Y , then $f : X \to Y$ is a locally C^0-trivial fibration.

If $g_{AB}U^AV^B = 0$, we say that vectoroid U and V are pseudo-orthogonal (5) and the equality

$$g_{AB}U^AU^B = h_{\alpha\beta}W^\alpha W^\beta \qquad \begin{cases} A,B = 1,2,\ldots N_1 \\ \alpha,\beta = 1,2,\ldots N_2 \end{cases}$$

defines (what we would like to call) pseudo-isometry of pseudo-normed manifolds X and Y, then it is felt that following results would also be true.

1- Let $f : X \to Y$ be a surjective C^1-map which semi-foliates X, and let $K_x^\perp$ denote the pseudo-orthogonal complement of Ker $\tilde{f}_x$, then if each $\tilde{f}_x|K_x^\perp \to \overline{Y}(f(x))$ be a pseudo-isometry then f is a locally C^1-trivial fibration.

2- If (X,g) is a pseudo-normed manifold and G an abstract group of C^1-diffeomorphisms which also define pseudo-isometrics of the structure, and G-orbits semi-foliate X, then the orbit map $f : X \to Y = X/G$ is a locally C^0-trivial fibration.

§ 3 -

In proving the result we make use of Hurewicz Connection and to ensure the required lifting of paths, the definition of lifting is modified as follows :

> Let $C^1(I,X)$ denote the collection of C^1-paths in X and b be an arbitrary path, we say that b is horizontal relative to splitting s if every vectoroid defined along b lies in the image space of s.
>
> Following results are well known :

1- E and F are Banach spaces and $U \subset E$ an open set. Given a locally lipschitz map $\sigma : U \to L(F,E)$ if a map $\overline{\sigma} : I \times U \times C'(I,F) \to E$

be defined by $\bar{\sigma}\,(t,x,v) = \sigma(x)\,v(t)$ then for each $(x_0,v_0)\in U \times C^1(I,F)$ there is a closed interval $I_0 = [0,t_0]$ and neighbourhoods $U_0 \subset U$ and $P_0 \subset C^1(I,F)$ of x_0 and v_0 on which the differential equation

$$\begin{aligned} h'(t,x_0,v_0) &= \bar{\sigma}(t,h(t,x_0,v_0),v_0) \\ h(0,x_0,v_0) &= x_0 \end{aligned}$$

has a unique solution $h : I_0 \times U_0 \times P_0 \to U$. Moreover, the induced map $\bar{h} : U_0 \times P_0 \to C^1(I_0,U)$ defined by $(\bar{h}(x,v))t = h(t,x,v)$ is continuous.

Let b,c be the elements of $C^1(I,X)$ and $C^1(I,Y)$ representing C^1-paths in X and Y ; and let $\alpha : C'(I,X) \to X$ and $\beta : C'(I,Y) \to Y$ be the Serre maps $\alpha(b) = b(0)$ and $\beta(c) = c(0)$ respectively.

Consider the following diagram :

$$\begin{array}{ccc} f^*(C^1(I,Y)) & \longrightarrow & C^1(I,Y) \\ {\scriptstyle f^*(\beta)}\downarrow & & \downarrow{\scriptstyle \beta} \\ X & \xrightarrow[f]{} & Y \end{array}$$

(fig. 4)

where $f^*(\beta)$ is the pull back of β via f , then $f^*(C^1(I,Y)) = \{(x,c) \;\; X \times C^1(I,Y) \; : \; f(x) = \beta(c) = c(0)\}$.

If now $\gamma : C^1(I,X) \to f^*(C^1(I,Y))$ given by $\gamma(b) = (b(0), f_0 b)$ be a map and h be a continuous section there of i.e., $\gamma_0 h$ = identity then h is Hurewicz-connection for $f : X \to Y$.

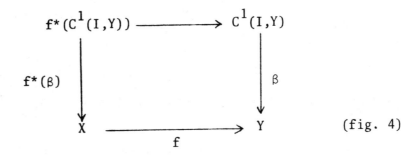

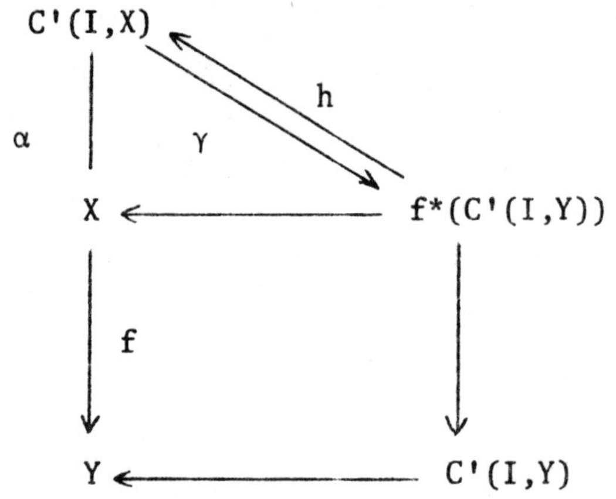

(fig. 5)

Proof :

Our assumption which gives a locally Lipschitz splitting of the eact sequence (I) and the modified definition of horizontal lift ensures that every horizontal lift $t \to b(t) = h(t,x_0,t)$ is defined for all $t \in I$ and therefore h is a Hurewicz connection.

We now take an arbitrary point $y_0 \in Y$ and a coordinate chart (ψ_0, V_0) centred at y_0 over which s is bounded by $\eta_0 > 0$ then for every $y_0 \in V_0$ we have a unique path Cy say joining y to y_0 . We set $X_0 = f^{-1}(y_0)$ and define a mapping $\phi_0 : f^{-1}(V_0) \to V_0 \times X_0$ in the following manner :

If $x \in f^{-1}(V_0)$ we take the path $C_{f(x)}$ in V_0 and construct the unique (modified) horizontal lift b_x starting at x and ending at some point of X_0 . Further by setting $\phi_0(x) = (f(x), b_x(1))$ (for the sake of convenience) it is easily verified that ϕ_0 is bijective, in view of the continuity of solutions h as mentioned in known Result 1.

Consequently we obtain the homeomorphism ϕ_0 for every neighbourhood V_0 of y fulfilling the requirements of diagram (1) and (2) which shows that f defines a locally trivial fibration.

REFERENCES

[1] EARLE, C.J. & EELLS, J. Jr., Foliations and Fibrations, J. Diff. Geometry, 1 (1967), 33-41.

[2] EELLS, J., A Setting for Global Analysis, Bull. A.M.S., 72 (1966), 751-807.

[3] EELLS, J., Jr, Fibring Spaces of maps, Proceedings of the Symposium on Infinite Dimensional Topology 1967.

[4] BOCHNER, S., Curvature and Betti numbers in Real and Complex Vector Bundles, Universitia E, Politecnico Di Torino Rendiconti Del-Seminarie Mathematico, Vol. 150, (1955-1956).

[5] PRAKASH, N., A study of Parallelism in Vectoroids, Ganita, vol. 10, No 1.

[6] PRAKASH, N., Concept of Motion & Lie Derivatives in Vectoroids and Tensoroids. Tensor N.S., vol. 11, No 3, sept.61.

REMARKS ON THE HOLOMORPHIC LEFSCHETZ NUMBERS

by Gheorghe LUSZTIG

1. Introduction. Let M be a compact complex manifold and $f_t: M \to M$, $t \in \mathbb{R}$ a one-parameter group of automorphisms of M. This group induces a one-parameter group of automorphisms of the complex vector space $H^{p,q}(M)$, denoted by $H^{p,q}(f_t): H^{p,q}(M) \to H^{p,q}(M)$, for any integers p and q. As is well known $\dim H^{p,q}(M) < \infty$ and so the expressions

$$(1.1) \qquad \chi^p(f_t) = \sum_q (-1)^q \, tr_{\mathbb{C}} \, (H^{p,q}(f_t))$$

$$\tilde{\chi}^q(f_t) = \sum_p (-1)^p \, tr_{\mathbb{C}} \, (H^{p,q}(f_t))$$

make sense.

Denote by $\chi^p(M) = \chi^p(f_o) = \sum_q (-1)^q \dim_{\mathbb{C}} H^{p,q}(M)$ and

$\chi_y(M) = \sum \chi^p(M) . \; y^p$ where y is an indeterminate.

It is easy to see that $\tilde{\chi}^q(f_t) = \tilde{\chi}^q(f_o)$, that is, $\tilde{\chi}^q(f_t)$ <u>is independent of t, $t \in \mathbb{R}$</u>. [In fact, it is enough to show that f_t operates trivially on the homology of the complex.

$$(1.2) \qquad \ldots \to H^{p-1,q}(M) \xrightarrow{d'} H^{p,q}(M) \xrightarrow{d'} H^{p+1,q}(M) \to \ldots$$

Let X be the vector field which generates f_t (in this case we say that X is a holomorphic vector field and $f_t = \exp(t\,X)$ and let $X = X' + X''$ its decomposition in (1, 0) and (0, 1) parts. Then we have the formula

$$\theta_{X'+X''} = (d' + d'') \circ i_{X'+X''} + i_{X'+X''} (d' + d'')$$

valid on differential forms, where θ and i denote Lie derivative respectively interior product.

Hence on $H^{p,q}(M)$ one has $\theta_{X'} = \theta_{X'+X''} = d' \circ i_{X'} + i_{X'} \circ d'$, which shows that $\theta_{X'} = 0$ on the homology of (1.2) and hence f_t operates trivially on the homology of (1.2)].

Now, if the manifold M has the property that $d' = 0$ on every $H^{p,q}(M)$ (in particular if M admits a Kähler metric) then from the above arguments it follows that $H^{p,q}(f_t)$ is independent of t.

This is false for general M, as the following example shows: take $M = G/\Gamma$ where G is a connected non-abelian complex Lie group and Γ a uniform discrete subgroup of G. Then $H^{1,0}(M)$ is the dual space of the Lie algebra of G and the natural action $G \times G/\Gamma \to G/\Gamma$ induces in $H^{1,0}$ a non trivial representation of G, namely the dual of the adjoint representation of G. This representation has hence a non-trivial restriction on at least one one-parameter subgroup of G.

Nevertheless we will prove that under certain assumptions (which are possibly unnecessary), $\chi^p(f_t)$ is independent of t, $t \in \mathbb{R}$. We give also applications of this result to the problem of multiplicativily of Todd genus for complex analytic fibre bundles and to derive identities between the characteristic roots of a holomorphic vector field.

2. <u>Special vector fields</u>. Let X be the (holomorphic) vector field which generates $f_t = \exp(t X)$. The zero set of X is a union of a finite

number of connected analytic subvarieties of X. Let us denote them by $F_1, \ldots, F_N$. The restriction to F_i of the holomorphic tangent bundle to M has a natural decomposition in the direct sum $\bigoplus_{\lambda \in C} \mathbb{E}_i^\lambda$ where the bundle $\mathbb{E}_i^\lambda$ is characterised by the property that on it exp(t X) operates as a multiplication by $e^{t\lambda}$ plus a nilpotent operator. ($E_i^\lambda \neq 0$ only for a finite number of values of λ).

This follows from the known fact that given a holomorphic endomorphism of a holomorphic vector bundle over a compact analytic space, which induces identity on the basis, the eigenvalues are the same in each fibre. The occuring λ'S are called characteristic roots of X.

Now suppose that

(2.1) $F_1, \ldots, F_n$ are non-singular submanifolds of X.

(2.2) $\mathbb{E}_i^o$ is precisely the holomorphic tangent bundle of F_i (in general $\mathbb{E}_i^o$ contains the holomorphic tangent bundle of F_i).

In this case let us denote by $x_i^1, \ldots, x_i^n$ the roots of the vector bundle $\oplus \mathbb{E}_i^\lambda \to F_i$ so that every x_i^j corresponds to a certain E_i^λ, say $\lambda = \lambda_i^j$.

Consider the polynomial in y:

$$(2.3) \qquad \sum_{p=o}^{n} \phi^p(t)\, y^p = \sum_{i=1}^{N} \prod_{j=1}^{n} \frac{1+y.e^{-x_i^j + \lambda_i^j t}}{1 - e^{-x_i^j + \lambda_i^j t}}\, x_i^{j_1} \ldots x_i^{j_{k_i}} \quad [F_i] ;$$

$n = \dim_c M$.

Here $x_i^{j_1}, \ldots, x_i^{j_{k_i}}$ are the roots of the bundle $\mathbb{E}_i^o \to F_i$, y is an indeterminate and $[F_i]$ is the fundamental homology class of F_i. Then $\phi^p(t)$ are Laurent series in the variable t with complex coefficients.

Definition. The holomorphic vector field X is called special if it satisfies (2.1), (2.2) and

(2.4) $\phi^p(t) = \chi^p(\exp tX)$, $0 \leq p \leq n$, $t \in \mathbb{R}$.

For example if X has isolated non-degenerate zeros or if exp(t X) preserves a hermitian metric on X, then X is special by Atiyah-Bott [1], Atiyah-Singer[2]. (It is highly probably that (2.4) is a consequence of (2.1) and (2.2))

If X is special and α is a complex number, then αX is special (this follows from the principle of analytic continuation applied to (2.4))

Theorem 1. If X is special then $\chi^p(\exp t X)$ is independent of t, $t \in \mathbb{R}$.

Proof. Suppose first that for the vector field X all the characteristic roots λ_i^j are either zero or have non zero real part. Then clearly $\lim_{t \to +\infty} \phi^p(t)$ exists for $0 \leq p \leq n$.

Now for an arbitrary special vector field X we can consider the new vector field αX, $\alpha \in \mathbb{C}$, $|\alpha| = 1$. The vector field αX satisfies our condition on the characteristic roots for all but a finite number of α's. From (2.4) it follows that

(2.5) $\lim_{t\to+\infty} \chi^p(\exp(t\alpha X))$ exists for all but a finite number of $\alpha \in \mathbb{C}$, $|\alpha| = 1$

on the other hand

(2.6) $$\chi^p(\exp(t\alpha X)) = \sum_{i=1}^{h} \pm (e^{t\alpha\mu_i})$$

for certain complex numbers $\mu_1, \ldots, \mu_s$ be the definition of χ^p.

It follows that if $\chi^p(\exp(t\alpha X))$ is non-constant then it is unbounded for $t \to +\infty$, for α running in an non-empty open set of the unit circle $|\alpha| = 1$. This possibility contradicts (2.5) and hence the theorem is proved.

Remark. Using theorem 1, Kosniowski [4] has shown that for special vector fields X such that the characteristic roots λ_j^i are either zero or have non zero real part one has

(2.7) $$\chi_y(M) = \sum_{i=1}^{N} (-y)^{s(i)} \chi_y(F_i)$$

where s(i) is the number of λ's with positive real part in the sequence $\lambda_i^1, \ldots, \lambda_i^n$. This follows from (2.4) by letting $t \to \infty$.

3. Identities between characteristic roots of a special vector field.

For $0 \leq \ell, k \leq n$ let us denote

$$a_{\ell k} = \sum_p (-1)^p \binom{k}{p} \binom{n-k}{\ell-p}$$

then clearly,

$$\sum a_{\ell k} X^\ell = (1 - X)^k (1 + X)^{n-k}$$

We have

$$\sum_k a_{kr} (1 - X)^k (1 + X)^{n-k} = (1 + X)^n \sum a_{kr} (\tfrac{1-X}{1+X})^k =$$

$$= (1 + X)^n (1 - \tfrac{1-X}{1+X})^r (1 + \tfrac{1-X}{1+X})^{n-r} = (2X)^r \; 2^{n-r} = 2^n . X^r .$$

Consequently

$$\sum_{\ell,k} a_{\ell k} \; a_{kr} \; X^{\ell} = \sum_k a_{kr} (1 - X)^k (1 + X)^{n-k} = 2^n . \; X^r .$$

and hence $\sum_k a_{\ell k} a_{kr} = 2^n \delta_{\ell r}$. In other words if

$A = (a_{\ell k})$ then $A^2 = 2^n \cdot I$.

If X is a special vector field we put $\psi^k(t) = \sum_p (-1)^p a_{kp} \psi^p(t)$

We have

$$\sum_k \psi^k(t) \, y^k = \sum_{k,p} (-1)^p a_{kp} \; \phi^p(t) y^k = (1 + y)^n \sum \; \phi^p(t) \; (\tfrac{y-1}{1+y})^p =$$

$$= \text{(using (2.3))} = \sum_{i=1}^{N} \prod_{j=1}^{n} (1 + y \, . \, \frac{1+e^{-x_j^i + \lambda_j^i t}}{1-e^{-x_j^i + \lambda_j^i t}}) \, x_i^{j_1} \ldots x_i^{j_{k_i}} \quad [F_i]$$

This equation shows that $\psi^k(0) = 0$ for odd k. On the other hand $\psi^k(t)$ is independent of t hence $\psi^k(t) = 0$ for odd k.

For k = 1 we obtain

$$\sum_{i=1}^{N} \sum_{j=1}^{n} \frac{1 + e^{-x_j^i + \lambda_j^i t}}{1 - e^{-x_j^i + \lambda_j^i t}} \; x_i^{j_1} \ldots x_i^{j_{k_i}} \quad [F_i] = 0$$

or

$$\text{(3.1)} \qquad \sum_{i=1}^{N} \sum_{\substack{j=1 \\ \{\lambda_j^i \neq 0}}^{n} \frac{1 + e^{\lambda_j^i t}}{1 - e^{\lambda_j^i t}} \quad \chi(F_i) = 0$$

where χ denotes Euler characteristic.

Now we have the expansion

$$\frac{1 + e^x}{1 - e^x} = c_{-1}\, x^{-1} + c_1\, x + c_3\, x^3 + c_5\, x^5 + \ldots \quad \text{with} \quad c_i \neq 0,\ i = -1,1,3,5,\ldots$$

It follows that

$$(3.2) \qquad \sum_i \Big(\sum_j (\lambda_j^i)^{2k+1} \, \chi(F_i)\Big) = 0 \ , \ k \geq 0 \ .$$

In the case when X has isolated nondegenerate zeros we have $\chi(F_i) = 1$ and hence $\sum_i \sum_j (\lambda_j^i)^{2k+1} = 0,\ k \geq 0$

This relation was proved independently by Kosniowiski [4], (see also [5]). It implies that the set of λ_j^i 's consists of pairs of opposite numbers.

<u>Remark.</u> 1. From the relations $\psi^k(0) = 0$ for odd k and $a_{n-\ell,k} = (-1)^k\, a_{\ell,k}$ it follows that

$$\sum a_{n-\ell,k}\, \psi^k(0) = \sum a_{\ell,k}\, \psi^k(0) \quad \text{hence}$$

$$(-1)^{n-\ell}\, 2^n\, \phi^{n-\ell}(0) = (-1)^{\ell}\, 2^n\, \phi^{\ell}(0) \quad \text{and hence}$$

$\chi^{n-\ell}(M) = (-1)^n \chi^{\ell}(M)$ which is also a consequence of Serre duality.

2. $\psi^k(0)$ are integers. Actually $\psi^o(0)$ = Euler characteristic and $\psi^n(0)$ = signature of M.

4. <u>Complex analytic fibre spaces</u>. Let us consider the fibre space $E \xrightarrow{\Pi} B$ (E, B are compact complex manifolds) and suppose that it is <u>locally</u>

trivial from complex analytic point of view having as fibre the compact complex manifold F. Such a fibre bundle is always associated to a holomorphic principal bundle whose group is a (non necessarily connected) complex Lie group. Obviously we have well-defined holomorphic vector bundles $H^{p,q}(F) \to B$ for every integers p,q.

In [3], Borel defined a spectral sequence which relates the Dolbeault cohomology spaces of F, E, B (actually Borel assumes that F is connected and Kählerian and the structural group is connected but these assumptions are not necessary for the construction of the spectral sequence). From this spectral sequence it follows that

$$\chi_y(E) = \sum_{p,q} (-1)^q \dim H^{p,q}(E)\, y^p =$$

$$= \sum_{r,s,t,u} (-1)^{s+u} \dim H^{r,s}(B, H^{t,u}(F))\, y^{r+t} =$$

$$= \sum_{r,t,u} (-1)^u \operatorname{ch}(\Lambda^{r,o}(T^*B) \otimes H^{t,u}(F)) \operatorname{todd}(B)\,[B] y^{r+t} =$$

$$= \sum_r \operatorname{ch} \Lambda^{r,o}(T^*B)\, y^r \cdot \sum_{t,u} \operatorname{ch}(\sum (-1)^u H^{t,u}(F))\, y^t \cdot \operatorname{todd} B\,[B].$$

where we used the Riemann-Roch-Hirzebruch theorem for compact complex manifolds as proved by Atiyah-Singer [2]. Now suppose that $\operatorname{ch}(\sum_u (-1)^u H^{t,u})$ has only 0-dimensional component. Then we have

$$\chi_y(E) = \sum_r \operatorname{ch} \Lambda^{r,o}(T^*B)\, y^r\, \chi_y(F) \operatorname{todd} B\,[B] = \chi_y(F) \cdot \chi_y(B).$$

Theorem 2. Suppose that the structure group of the complex analytic

<u>fibre space $F \to E \to B$ is connected or discrete. Then</u>

$\chi_y(E) = \chi_y(F) \cdot \chi_y(B)$.

<u>Proof.</u> By the above argument it is enough to prove that $ch\ (\sum(-1)^u\ \mathbb{H}^{t,u})$ has no positive dimensional components.

If the structure group is connected, then from differentiable point of view the vector bundles $\mathbb{H}^{t,u}(F)$ are associated to the same G-principal bundle (G = compact, connected Lie group) and to representation $\rho^{t,u}: G \to End\ (H^{p,q}(F))$. By theorem 1, the representations $\sum_{n=even} \rho^{t,u}$ and $\sum_{n=odd} \rho^{t,u}$ have the same character up to an additive constant, for any t. Hence the vector bundles $\sum_{n=even} \mathbb{H}^{t,u}(F)$ and $\sum_{n=odd} H^{t,n}$ are stably isomorphic for any t and our assertion follows. If the structure group is discrete the theorem follows from the Chern-Weil description of the characteristic classes.

<u>Remark.</u> Theorem 2 was first proved by Borel [3] with the assumptions that F is Kählerian, connected and the structure group is connected. It can be proved that if Theorem 1 would be true for any holomorphic vector field then Theorem 2 would hold without any assumptions on the structure group.

Universitatea Timisoara,
Université de Montréal.

References

[1] M.F. Atiyah and R. Bott - A Lefschetz fixed point formula for elliptic complexes: II Applications, Ann. of Math. 88(1968), 457-491.

[2] M.F. Atiyah and I.M. Singer - The index of elliptic operators: III Ann. of Math. 87(1968), 546-604.

[3] F. Hirzebruch - Topological methods in algebraic geometry, third enlarged edition, Springer Verly 1966, Appendix II by A. Borel.

[4] C. Kosniowski - Applications of the holomorphic Lefschetz formula (to appear in Bull. London Math. Soc.).

[5] G. Lusztig - A property of certain holomorphic vector fields, (to appear in An. Univ. Timisoara).

UNE REMARQUE SUR LA FORMULE DE RÉSIDUS

par Weishu SHIH

La théorie de Leray sur les résidus a fait l'objet d'études par divers auteurs, notamment : Norguet, Dolbeault, Sorani. Certaines conditions de restriction sont imposées sur la sous-variété en considération dans leurs études. Récemment Griffiths a établi la formule des résidus dans le cas algébrique où la sous-variété W de codimension q arbitraire soumise aux restrictions suivantes :

(i) W est non singulière ;

(ii) W est homologue par la dualité de Poincaré à la q-ième classe de Chern d'un fibré ample sur la variété ambiante V algébrique non singulière.

Le but de ce travail est d'établir ce même résultat de Griffiths, mais en supprimant ces deux restrictions. Plus précisément, on a le

Théorème

Soit V une variété Kählérienne compacte, W un sous-espace analytique, compacte, de codimension complexe $q \geq 1$. Alors il existe ψ, une forme L^1, du type $(q,q-1)$ sur V vérifiant les conditions suivantes :

(1) La restriction $\psi|_{V-W}$ de ψ sur le complémentaire $V-W$ est C^∞ et vérifie $d'\psi = 0$.

(2) La restriction $d''\psi|_{V-W}$ se prolonge à une forme C^∞ sur V qui est homologue par la dualité de Poincaré à $-W$.

(3) Au voisinage de W on a

$$\psi \sim 0\ (2q-1)$$

c'est-à-dire dans un voisinage tubulaire suffisamment petit de W , on a

$$|\gamma^{2q-1} \cdot \psi| < \infty$$

où $\gamma(x)$ est le germe de fonction près de W défini par la distance de x à W (par rapport à la métrique Riemannienne associée à la structure Kählérienne de V).

(4) Pour toute chaîne différentiable Z de V de dimension réelle p dont l'intersection avec W est transversale, et toute forme C^{∞} fermée ω sur V de degré p-2q , on a la formule de résidus :

$$\lim_{\varepsilon \to 0} \int_{\partial\tau_{\varepsilon}(W) \cap Z} \psi \wedge \omega = \int_{W \cap Z} \omega$$

où $\tau_{\varepsilon}(W)$ désigne un voisinage tubulaire de W de rayon plus petit que $\varepsilon > 0$, et $\partial\tau_{\varepsilon}(W)$ son bord.

Indiquons rapidement l'idée de la démonstration. Considérons le courant

$$\psi = 2\ \delta''\ G(1_W)$$

où 1_W le courant défini par le sous-ensemble analytique W , G l'opérateur de Green de la structure riemannienne, et δ'' l'adjoint du d'' . On montre alors que ψ vérifie les conditions du théorème, ainsi on obtient le résultat cherché.

Comme 1_W est de type (q,q) on déduit que ψ est un courant du type $(q,q-1)$ dont le support singulier est contenu dans celui de 1_W , i.e. W car en tant qu'opérateur pseudo-différentiel, $2\,\delta''\,G$ diminue le support singulier. Le fait que G commute avec d' et que 1_W soit fermé entraîne que $d'\psi = 0$.

Appliquons l'identité

$$1 - H = \Delta\, G$$

au courant 1_W , où H la projection harmonique et Δ la Laplacienne, on en déduit que

$$d''\,\psi|_{V-W} = d\,\psi|_{V-W} = -\,H(1_W)|_{V-W}\ ,$$

d'où $d''\,\psi|_{V-W}$ se prolonge en une forme C^∞ sur V à savoir $-\,H(1_W)$ qui est homologue à -1_W donc dual à $-W$. Le fait que soit sommable sur V et son comportement près de W , se déduit de la propriété analogue du noyau de Green. Pour obtenir la formule de résidu, on généralise la formule de Stoke pour les courants à support singulier compact, et introduit la notion de la restriction sur une sous-variété fermée des courants qui sont la somme d'un courant sommable et des courants associés à des ensembles stratifiés.

Remarque

La forme ψ est déterminée explicitement par la structure Kähl̈érienne de V . Cette unicité nous permet d'appeler ψ comme "la forme du résidu associé à W'' de la variété Kählérienne V. Dans le cas où V est une variété analytique complexe compacte quelconque, la forme ψ existe encore et est vérifiée ; à l'exception du fait qu'elle est de type $(q,q-1)$ et $d'\psi = 0$, les autres conditions du théorème, en particulier la formule de résidus.

Il m'eût été impossible de faire cette étude si je n'avais reçu les aides importantes et constantes du professeur Deligne. Je tiens à lui exprimer ma plus profonde gratitude. Je remercie aussi le professeur Unterberger pour ses nombreux conseils et discussions.

REFERENCES

[1] DOLBEAULT, P., Theory of residues and homology. Séminaire Lelong, 1968-1969. Lecture notes of Springer.

[2] GRIFFITHS, P., i- Lecture notes 1967-1968, Princeton University
ii- Some results on intermediate Jacobians, Algebraics Cycles and Holomorphic vector bundles (à paraître).

[3] LERAY, J., Le calcul différentiel et intégral sur une variété analytique complexe (problème de Cauchy III), Bull. Soc. Math. France 87 (1959).

[4] NORGUET, F., Sur la théorie des résidus. C.R. Acad.Sci. Paris 248 (1959), 2057-2059.

[5] RHAM de, G., Variétés différentiables. Paris, Hermann, 1955.

[6] SORANI, G., Sui residui delle forme differenzialli di una varietà analitica complessa. Rend. di Mat. 21 (1962) 1-23.

[7] THOM, R., Ensembles et morphismes stratifiés. Bull. AMS, March 1969, vol. 75, No 2.

[8] WEIL, A., Variétés Kähleriennes. Paris, Hermann, 1957.

FACULTÉ DES SCIENCES - UNIVERSITÉ DE MONTRÉAL

PUBLICATIONS DU SÉMINAIRE DE MATHÉMATIQUES SUPÉRIEURES

---

1. LIONS, Jacques L., Problèmes aux limites dans les équations aux dérivées partielles, (1re session, été 1962), Les Presses de l'Université de Montréal, 2e éd. 1965, 176 p., $3.00.

2. WAELBROECK, Lucien, Théorie des algèbres de Banach et des algèbres localement convexes, (1re session, été 1962), Les Presses de l'Université de Montréal, 2e éd. 1965, 148 p., $2.50.

3. MARANDA, Jean-Marie, Introduction à l'algèbre homologique, (1re session, été 1962), Les Presses de l'Université de Montréal, 2e éd. 1966, 52 p., $2.00.

4. KAHANE, Jean-Pierre, Séries de Fourier aléatoires, (2e session, été 1963), Les Presses de l'Université de Montréal, 2e éd. 1966, 188 p., $3.00.

5. PISOT, Charles, Quelques aspects de la théorie des entiers algébriques, (2e session, été 1963), Les Presses de l'Université de Montréal, 2e éd. 1966, 188 p., $3.00.

6. DAIGNEAULT, Aubert, Théorie des modèles en logique mathématique, (2e session, été 1963), Les Presses de l'Université de Montréal, 2e éd. 1967, 138 p., $2.50.

7. JOFFE, Anatole, Promenades aléatoires et mouvement brownien, (2e session, été 1963), Les Presses de l'Université de Montréal, 2e éd. 1965, viii et 144 p., $2.50.

8. DIEUDONNÉ, Jean, Fondements de la géométrie algébrique moderne, (3e session, été 1964), Les Presses de l'Université de Montréal, 2e éd. 1968, x et 154 p., $3.00.

9. RIBENBOIM, Paulo, Théorie des valuations, (3e session, été 1964), Les Presses de l'Université de Montréal, 2e éd. 1968, 317 p., $4.00.

10. HILTON, Peter, Catégories non abéliennes, (3e session, été 1964), Les Presses de l'Université de Montréal, 2e éd. 1967, 151 p., $2.50.

11. ECKMANN, Beno, Homotopie et cohomologie, (3e session, été 1964), Les Presses de l'Université de Montréal, 1965, 134 p., $2.50.

12. FOX, Geoffrey, Intégration dans les groupes topologiques, (3e session, été 1964), Les Presses de l'Université de Montréal, 1966, 360 p., $4.00.

13. AGMON, Shmuel, Unicité et convexité dans les problèmes différentiels, (4e session, été 1965), Les Presses de l'Université de Montréal, 1966, 158 p., $3.00.

14. BRELOT, Marcel, Axiomatique des fonctions harmoniques, (4e session, été 1965), Les Presses de l'Université de Montréal, 2e éd. 1969, 148 p., $2.50.

15. BROWDER, Felix E., Problèmes non linéaires, (4e session, été 1965), Les Presses de l'Université de Montréal, 1966, 156 p., $3.00.

16. STAMPACCHIA, Guido, Equations elliptiques du second ordre à coefficients discontinus, (4e session, été 1965), Les Presses de l'Université de Montréal, 1966, 330 p., $4.00.

17. BARROS-NETO, José, Problèmes aux limites non homogènes, (4e session, été 1965), Les Presses de l'Université de Montréal, 1966, 87 p., $2.00.

18. ZAIDMAN, Samuel, Equations différentielles abstraites, (4e session, été 1965), Les Presses de l'Université de Montréal, 1966, 81 p. $2.00.

19. SÉMINAIRE DE MATHÉMATIQUES SUPÉRIEURES, Equations aux dérivées partielles, textes de : Robert CARROLL, George DUFF, Jöran FRIBERG, Jules GOBERT, Pierre GRISVARD, Jindřich NEČAS et Robert SEELEY, (4e session, été 1965), Les Presses de l'Université de Montréal, 1966, 144 p., $2.50.

20. FRAÏSSÉ, Roland, L'algèbre logique et ses rapports avec la théorie des relations, (5e session, été 1966), Les Presses de l'Université de Montréal, 1967, 81 p., $2.00.

21. HENKIN, Leon, Logical Systems Containing Only a Finite Number of Symbols, (5e session, été 1966), Les Presses de l'Université de Montréal, 1967, 50 p., $2.00.

22. Non disponible.

23. Non disponible.

24. LEBLANC, Léon, Représentabilité et définissabilité dans les algèbres transformationnelles et dans les algèbres polyadiques, (5e session, été 1966), Les Presses de l'Université de Montréal, 1966, 126 p., $2.50.

25. MOSTOWSKI, Andrzej, Modèles transitifs de la théorie des ensembles de Zermelo-Fraenkel, (5e session, été 1966), Les Presses de l'Université de Montréal, 1967, 174 p., $3.00.

26. FUCHS, Wolfgang H. J., Théorie de l'approximation des fonctions d'une variable complexe, (6e session, été 1967), Les Presses de l'Université de Montréal, 1968, 138 p., $2.50.

27. HAYMAN, Walter K., Les fonctions multivalentes, (6e session, été 1967), Les Presses de l'Université de Montréal, 1968, 56 p., $2.00.

28. LELONG, Pierre, Fonctionnelles analytiques et fonctions entières (n variables), (6e session, été 1967), Les Presses de l'Université de Montréal, 1968, 304 p., $4.25.

29. RAHMAN, Qazi Ibadur, Applications of Functional Analysis to Extremal Problems for Polynomials, (6e session, été 1967), Les Presses de l'Université de Montréal, 1968, 69 p., $2.00.

30. ROSSI, Hugo, Topics in Complex Manifolds, (6e session, été 1967), Les Presses de l'Université de Montréal, 1968, 85 p., $2.00.

31. HUBER, Peter J., Théorie de l'inférence statistique robuste, (7e session, été 1968), Les Presses de l'Université de Montréal, 1969, 148 p., $2.75.

32. KAC, Mark, Aspects probabilistes de la théorie du potentiel, (7e session, été 1968), Les Presses de l'Université de Montréal, 1970, 154 p., $3.25.

33. LECAM, Lucien M., Théorie asymptotique de la décision statistique, (7e session, été 1968), Les Presses de l'Université de Montréal, 1969, 146 p. $2.75.

34. NEVEU, Jacques, Processus aléatoires gaussiens, (7e session, été 1968), Les Presses de l'Université de Montréal, 1968, 230 p., $3.75.

35. VAN EEDEN, Constance, Nonparametric Estimation, (7e session, été 1968), Les Presses de l'Université de Montréal, 1968, 48 p., $2.25.

36. KAROUBI, Max, K-théorie, (8e session, été 1969), Les Presses de l'Université de Montréal, 1971, 182 p., $3.25.

37. KOHN, Joseph J., Complexes différentiels, (8e session, été 1969), Les Presses de l'Université de Montréal, à paraître.

38. KUIPER, Nicolas H., Variétés hilbertiennes: aspects géométriques, (8e session, été 1969), Les Presses de l'Université de Montréal, 1971, 154 p., $3.25.

39. KURANISHI, Masatake, Deformations of Compact Complex Manifolds, (8e session, été 1969), Les Presses de l'Université de Montréal, 1971, 100 p., $2.75.

40. NARASIMHAN, Raghavan, Grauert's Theorem on Direct Images of Coherent Sheaves, (8e session, été 1969), Les Presses de l'Université de Montréal, 1971, 79 p., $2.25

41. SPENCER, Donald D., Systèmes d'équations différentielles partielles linéaires et déformations des structures de pseudo-groupes, (8e session, été 1969), Les Presses de l'Université de Montréal, à paraître.

42. SÉMINAIRE DE MATHÉMATIQUES SUPÉRIEURES, Analyse globale, textes de : P. LIBERMANN, K. D. ELWORTHY, N. MOULIS, K. K. MUKHERJEA, N. PRAKASH, G. LUSZTIG, et W. SHIH, (8e session, été 1969), Les Presses de l'Université de Montréal, 1971, 216 p., $3.75.

juillet 1971

Achevé d'imprimer à Montréal
le 2 août 1971
sur papier Rockland Bond de Rolland

IMPRIMÉ AU CANADA

ATELIERS DES SOURDS (MONTRÉAL) INC., 85 OUEST, DE CASTELNAU, MONTRÉAL 327, P.Q.

PRINTED IN CANADA

6